高技术建筑

周铁军 王雪松 著

中国建筑工业出版社

图书在版编目（CIP）数据

高技术建筑 ／ 周铁军，王雪松著．— 北京：中国建筑工业出版社，2009
 ISBN 978-7-112-11213-5

Ⅰ．高⋯ Ⅱ．①周⋯②王⋯ Ⅲ．高技术－应用－建筑－研究 Ⅳ．TU18

中国版本图书馆CIP数据核字（2009）第151636号

责任编辑：唐　旭
责任设计：张政纲
责任校对：张　虹　梁珊珊

高技术建筑

周铁军　王雪松　著

*

中国建筑工业出版社出版、发行（北京西郊百万庄）
各地新华书店、建筑书店经销
北京图文天地制版印刷有限公司制版
精美彩色印刷有限公司印刷

*

开本：880×1220毫米　1/16　印张：10¾　字数：350千字
2009年11月第一版　2009年11月第一次印刷
定价：68.00元
ISBN 978-7-112-11213-5
　　　　（18445）

版权所有　翻印必究
如有印装质量问题，可寄本社退换
（邮政编码 100037）

前 言

自20世纪90年代初起，经济的腾飞、技术的发展和开放的社会环境为高技术建筑在中国的发展创造了良好的平台，带有高技术色彩的建筑实践也在北京、上海、深圳、广州等地不断涌现。近年来，随着北京奥运会、上海世博会以及广州亚运会等一系列国际性活动的展开，高技术建筑在全国已呈全面铺开的态势。

高技术建筑在我国近20年的发展中，其理论研究和创作实践还有诸多不足之处。从理论研究的角度来看，高技术建筑的概念模糊不清，理论体系的建构存在争议与混乱；从工程实践的角度来看，将体现高科技的建筑材料和施工工艺作为装饰，对高技术建筑风格化片面理解的建筑作品仍然不少。

高技术建筑的概念引入国内肇始于对阿基格拉姆(Archigram)学派的介绍，以及诺曼·福斯特(Norman Foster)、理查德·罗杰斯（Richard Rogers）、伦佐·皮亚诺（Renzo Piano）等人的设计实践，最初以"高技派"的提法引入国内。随着研究的铺开和实践的开展，对高技术建筑的概念产生了不同的界定，对"高技派"风格化的理解提出了批评。又随着人类可持续发展思想的影响，高技术建筑的目标定位发生了变化。在近20年的实践中，我国带有高技术色彩的建筑实践十分活跃，也是一个值得关注研究的现象。

自1995年以来，作者便开始了对高技术建筑的研究，随着时间的推移，研究的脉络和内容逐渐清晰起来，主要包括以下几个方面：高技术建筑的概念辨析、高技术建筑的技术解析、高技术建筑的生态解析，以及我国高技术建筑的发展。这几个部分之间相互关联，概念的界定是研究的基础，技术的解析是高技术建筑的重要基石，对其进行生态解析是顺应时代发展要求的必然，对我国高技术建筑发展考察所引发的思考对创作实践具有指导意义。

在研究中首先是通过历史的梳理，在社会、技术和艺术的整体维度下，考察高技术建筑的发展，并提出了高技术建筑的初步概念，即"利用当时条件下的先进技术，实现和满足社会发展的需求，通过新技术的集成，改善和提高人类的环境质量，并在创作中极力表达和探索各种新美学思潮的建筑类型"。此部分形成了本书的第一篇。

作者通过对高技术建筑历史的梳理发现：高技术建筑的发展是以空间为主导的，因而在第二篇中以空间为主导分析技术对空间、结构、表皮和设备的全面影响。自20世纪末以来，高技术建筑出现了智能化、地域化、生态化的多元化发展趋势，但从"可持续发展"这一人类社会的基本走向来看，生态化是基础性的目标诉求，所以第三篇论述以生态化为基本趋势统领其他趋势的发展。最后，在第四篇中对我国在新中国成立以后的高技术建筑的发展进行了梳理，划分了三个发展阶段，分析三个发展阶段的特征及其发展规律，并对未来的发展提出初步建议。

有关高技术建筑的研究是一个漫长的历程，本书希望能够抛砖引玉，力求建立有关高技术建筑概念的初步认识，以及研究高技术建筑的理论框架和内容体系，在此基础上，才能使相关研究在深度上进阶。

本课题现在的研究成果是在周铁军、戴代新20世纪末期研究的基础上进行的。课题组的研究分工如下：第一篇王雪松、程岗；第二篇王雪松、安晓晓；第三篇周铁军、陈威成；第四篇周铁军、冯旭。在研究过程中，借鉴了很多前辈和同行的研究成果，在此一并致以真诚的感谢。

鉴于水平有限，书中可能存在不足之处，请广大读者予以指正。

目 录

第一篇　高技术建筑的历史与发展 1

第一章　高技术建筑的起源 2
第一节　建筑发展的历史轨迹 2
第二节　建筑技术的发展轨迹 2
第三节　高技术建筑的概念 9

第二章　高技术建筑的发展历程 13
第一节　第一次工业革命与高技术建筑 13
第二节　第二次工业革命与高技术建筑 16
第三节　第二次世界大战后至20世纪末的高技术建筑 23
第四节　21世纪至今的高技术建筑 26
小节 40

第二篇　高技术建筑的技术解析 41

第一章　技术对高技术建筑的全面影响 42
第二章　高技术建筑空间的技术体现 44
第一节　高技术建筑空间与技术的关系 44
第二节　高技术建筑的空间目标 44
第三节　空间模式的时代更迭 45
第四节　空间体验的多样化 51

第三章　高技术建筑结构的技术体现 55
第一节　高技术建筑与结构 55
第二节　高技术建筑结构体系探索 58

第四章　高技术建筑表皮的技术体现 65
第一节　高技术建筑表皮的形态表征 65
第二节　高技术建筑表皮的技术运用 68
第三节　高技术建筑表皮的发展倾向 69

第五章　高技术建筑中的设备发展 73

　　　　第一节　建筑设备的发展倾向 73

　　　　第二节　高技术建筑与设备的一体化 76

　　　　小节 80

第三篇　高技术建筑生态解析 81

第一章　高技术建筑生态化的节能体现 82
　　　　第一节　高技术建筑的生态节能 82
　　　　第二节　高技术建筑中的生态节能措施 83

第二章　高技术建筑生态化的智能体现 95
　　　　第一节　高技术建筑的生态智能 95
　　　　第二节　高技术建筑生态智能技术 95

第三章　高技术建筑生态化的生态仿生应用 103
　　　　第一节　建筑仿生化的发展和解析 103
　　　　第二节　高技术建筑生态仿生化的策略 104

第四章　高技术建筑生态化的地域表现 114
　　　　第一节　高技术建筑生态地域化 114
　　　　第二节　高技术建筑生态地域化的模式 115
　　　　小节 120

第四篇　新中国成立以后我国高技术建筑的发展 121

第一章　结构开路　我国高技术建筑的开端（1949～1978年）............ 122
　　　　第一节　社会及建筑界背景 122
　　　　第二节　阶段发展剖析 125

第二章　材料、技术进步　我国高技术建筑全面发展（1979~1998年）...... 131
　　　　第一节　社会及建筑界背景 131
　　　　第二节　阶段发展剖析 133

第三章　实验期　我国高技术建筑引领潮流（1999年至今）................ 143
　　　　第一节　社会及建筑界背景 143
　　　　第二节　阶段剖析 146
　　　　第三节　新中国成立以后我国高技术建筑的发展总结 159

参考文献 162

第一篇
高技术建筑的历史与发展

第一章　高技术建筑的起源

第一节　建筑发展的历史轨迹

建筑发展的轨迹是不同时代、不同地域、不同民族人们社会生活的真实写照。从科学的角度来分析，建筑的历史作为一个系统而言，其核心问题就是建筑的价值问题，即建筑在何种程度上满足了人类的需求。早在2000多年前，古罗马建筑师维特鲁威(Marcus Vitruvius Pollio)就提出了"坚固、适用、美观"的三个标准（图1-1）[①]。梁思成先生在《拙匠随笔（一）》一文中对此进行了进一步阐释："建筑创作的过程，从社会科学的角度分析并认识适用的问题，用科学技术来坚固、经济地实现一座座建筑，从艺术的角度来解决美观的问题"。梁思成先生在其论述中拓展了"坚固、适用、美观"标准的内涵，并以数学集合的概念界定了建筑的范畴——建筑∈（社会科学∪技术科学∪艺术）[②]。这一精辟论述无疑为后继者的深入研究起了良好的导向与铺垫作用。梁先生对"∪"的理解是结合，即建筑是其属性的高度统一体（图1-2）。

梁思成先生将建筑本身作为一个复杂的大系统来看待，其形成和发展是其三个子系统——功能系统、技术系统和艺术系统整合的结果。与此同时，建筑作为一个整体系统还与人类社会系统发生着相互的作用与影响，这个社会系统也是由三个相互关联、相互影响的子系统组成的，即经济结构、政治结构和社会意识形态结构（图1-3）。

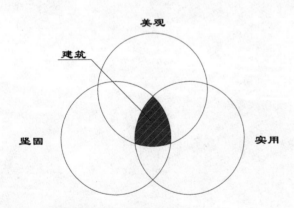

图1-1　维特鲁威建筑观（资料来源：作者自绘。）

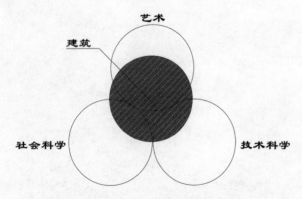

图1-2　梁思成建筑观（资料来源：作者自绘。）

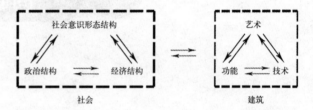

图1-3　社会与建筑的关系（资料来源：作者自绘。）

正是通过对建筑本身三要素的解析和对建筑与社会系统关系的梳理，建筑展现出以社会需求、科学技术、美学思潮等综合因素为影响的发展轨迹。高技术建筑的历史与发展也符合这一基本框架，对其剖析也离不开这个系统。一方面通过不同历史条件下的社会需求研究，探讨高技术建筑存在的目的和价值；另一方面，系统地研究哲学、美学历史，探讨高技术建筑在不同历史时期展现的美学思想和表现形式，探求科学技术发展为高技术建筑所提供的物质条件。

第二节　建筑技术的发展轨迹

技术是人类改造自然、拓展自我的手段，技术前行的脚步始终辉映着人类的理想与追求。建筑技术在历经了经验技能型的古代、经验科学型到科学技术型的近代、系统科学型的现代之后，正在步入更为复杂的系统科学的当代。

在建筑材料方面，经历了从古代的木、石、砖、瓦传统材料的利用到草筋泥、混合土等复合材料的发展；从近代的木、石、砖、瓦等传统材料的广泛应用到混凝土、玻璃、铁等材料的改进，再到钢、钢筋混凝土等新材料的开发应用；从现代的木、石、砖、瓦等传统材料的改进，到混凝土、玻璃、铁等材料的广泛使用，再到建筑塑料、金属板覆膜材料、玻璃钢等新型人造复合材料的开发应用；从当代传统绿色材料的改进，到新型混凝土技术、模拟生物元件功能的仿生材料及智能型材料等新的性能优良的复合材料的开发应用的发展过程。通过历史的梳理可以断定：不管是传统材料还是新型材料，材料效能始终是建筑材料的基本目标。

在建筑工艺方面，经历了从古代的石斧、石刀→斧、凿、钻、锯、铲等的青铜和铁制工具→打桩机、起重机等机械的发展；到近代的冶铁、钢工艺的开发→大型水压机与铆接机的发明；再到现代的工业化、现代化的生产手段→计算机辅助技术的广泛应用；直到当代高效、低耗工艺手段的开发应用的发展过程。在此过程中，提高社会生产效率、改善资源利用效率成为其追求的目标。

在建筑结构方面，经历了从古代的早期的梁柱体系、拱券、穹顶体系，近似于框架体系的演变过程；到近代的桁架、框架结构的兴起；再到现代的高层建筑结构和大跨度结构的广泛使用；直到当代具有高强度、良好延伸性和应变能力的钢结构和抗震结构的研究应用的发展过程。在此过程中，结构的效能不断增强。

通过对建筑技术从古代、近代、现代、当代的历史梳理（表1-1），高技术建筑始于技术体系的大规模整合，经历了从近代技术体系的整合到现代系统科学的介入，再到当代复杂系统科学体系的支持等三个发展过程。应当看到这样的发展历程不仅仅是技术的创新可以推动的，而是社会需求、技术创新、美学思潮等三位一体的综合结果。

建筑技术的发展历史 表1-1

	古代	近代	现代	当代
	经验技能型	经验科学型→科学技术型	系统科学型	复杂系统科学型
材料	木、石、砖、瓦→草筋泥、混合土	混凝土、玻璃、铁、钢、钢筋混凝土、预应力混凝土	建筑塑料、金属板覆膜材料、玻璃钢	可再生能源和材料
工艺	石器、青铜器、铁制工具	亚伯拉罕·达比熟铁冶炼法、钢材的工业化生产、大型水压机与铆接机	自动化、系统化设备	数字化技术
结构	梁柱体系→拱券、穹顶体系→近似于框架体系	金属框架结构、钢筋混凝土框架结构、大跨度结构等	网架结构、悬索结构、张拉膜结构等	结构与建筑的一体化

资料来源：作者自绘。

一、古代建筑技术

古代建筑有着很长的时间跨度，大致从公元前5000年出现原始的土木工程活动到17世纪中叶。在这一段工业文明不发达的阶段，人们为了满足简单的生活和生产需要，开始修筑简陋的房舍、道路、桥梁和沟渠。后来，人们为了适应战争、生产和生活以及宗教传播的需要，兴建了城池、运河、宫殿、寺庙以及其他各种建筑物。

从世界建筑历史的发展来看，早期的建筑如中国浙江余姚河姆渡遗址、古埃及的陵墓等多采用当地的天然材料（如泥土、树干、茅草、砾石），到了后期才发展了土坯、石材、砖、瓦、木材、青铜、铁以及复合材料（如草筋泥、混合土等）。因此，从这一时期的发展来看，建筑材料经历了从天然材料到复合材料的发展过程。

建筑的工艺技术也经历了同样的发展，基本工具经历了石斧、石刀到斧、凿、钻、锯、铲等青铜和铁制工具到打桩机、起重机等机械的过程（图1-4）。与此同时，

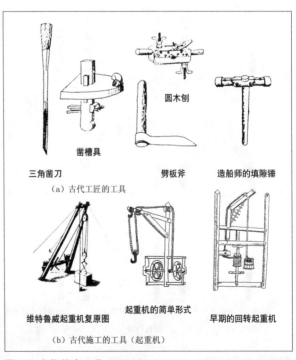

图1-4 古代基本工具（资料来源：维特鲁威，《建筑十书》，2001；查尔斯·辛格，《技术史》（Ⅰ），2004。）

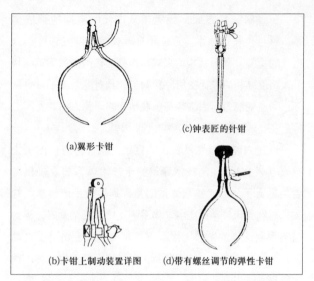

图1-5 古代设计工具（资料来源：查尔斯·辛格等，《技术史》（Ⅰ），2004。）

专业设计工具也有了一定的发展，但其起源却很难追溯[③]（图1-5）。

在这样的技术背景下，建筑结构体系的发展经历了早期的梁柱体系到拱券、穹顶体系，再到近似于框架体系的演变过程，从而也导致了建筑形式的改变（图1-6）。推动建筑形式变化的原因不仅仅是技术上的改变，而是涉及社会、技术、美学等多重因素：扩大的市场刺激了技术的改进，推动了更大规模的生产；大规模生产又刺激着人们寻找更广阔的市场，并改变着人们的美学观念等。

在这一时期，中国关于建筑技术的著作也开始出现：公元前5世纪的《考工记》，记载了6门工艺、30个工种的技术规则；北宋李诫在公元1100年编写的《营造

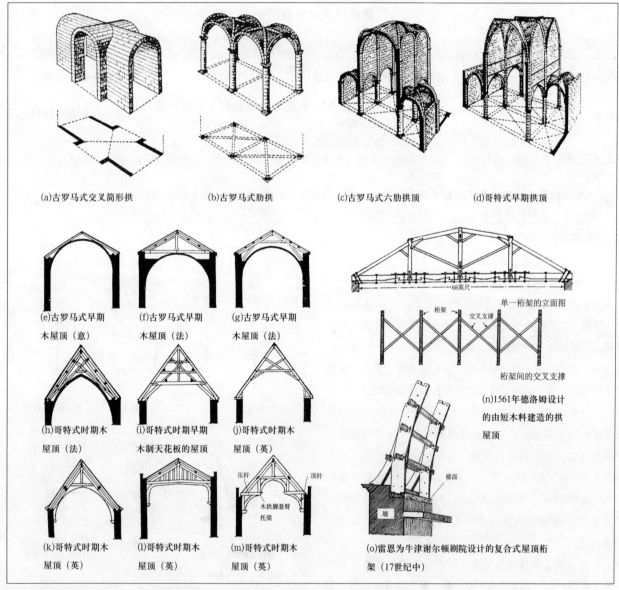

图1-6 古代建筑结构与形式的变化（资料来源：汉诺—沃尔特·克鲁夫特，《建筑理论史——从维特鲁威到现在》查尔斯·辛格等，《技术史》（Ⅰ至Ⅲ），2004。）

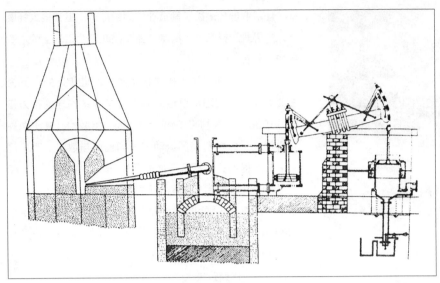

图1-7 达比冶铁法（18世纪初）（资料来源：查尔斯·辛格等，《技术史》（III），2004。）

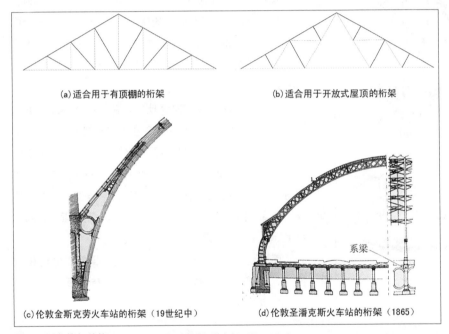

(a) 适合用于有顶棚的桁架　　(b) 适合用于开放式屋顶的桁架

(c) 伦敦金斯克劳斯火车站的桁架（19世纪中）　　(d) 伦敦圣潘克斯火车站的桁架（1865）

图1-8 近代桁架结构（资料来源：查尔斯·辛格等，《技术史》（IV），2004。）

法式》，主要是对建筑的设计、施工、计算工料等各方面的记叙；明代民间匠师用书《鲁班经》，介绍了建房工序和常用构架形式，对技术知识写得比较笼统。1485年意大利阿尔伯蒂在文艺复兴时期撰写的《论建筑》，则是对当时流行的欧洲古典建筑在比例、柱式以及城市规划经验方面的一些总结。总体而言，这些著作是一些经验总结和形象描述，建筑技术依然缺乏理论上的依据和指导。

通过对古代建筑材料、工艺技术、结构体系、技术理论发展过程的梳理，可以得知古代建筑技术在历史发展中属于工匠传统，一般都经历了发明、改进、传播和长期经验积累的过程，它们不是科学理论的应用，而仅是符合人们后来总结出来的科学原理、定理、定律。

二、近代建筑技术

近代建筑技术跨越从17世纪中叶至第二次世界大战的300年时间。经历了以蒸汽机的发明为标志的第一次工业革命和以电力的广泛应用为标志的第二次工业革命。为了满足城市发展的需求与新建筑类型的需要，建筑技术在材料、工艺、结构、理论等方面都有了长足的进步和发展。

在这一阶段，建筑材料经历了从传统材料到人造混合材料的发展过程。传统建筑材料中木、石、砖、瓦等日益广泛使用，材料的效能不断得到优化。面对城市的快速发展，人造混合材料也在不断的发展当中，这一方面体现在对传统混合材料的改进，如混凝土、玻璃、铁；另一方面体现在新材料的开发、应用，如钢、钢筋混凝土。

建筑材料的发展离不开建筑工艺的进步，近代建筑工艺的发展主要体现在冶金工艺和施工工艺的进步。18世纪初亚伯拉罕·达比(Abraham Darby)设计的高炉群，以及亚伯拉罕·达比的儿子研制出的鼓风炉，极大地降低了制铁的生产成本（图1-7）。到了18世纪末，亨利·科特(Henry Cort)发明了除去熔融生铁中杂质的"搅炼"法，生产出比原先易碎的熔融生铁或比生铁更有韧性的熟铁，较之以前使用木炭生产熟铁的方法费用更为低廉，并且对生态的破坏程度也较低。在此之后，从低品位的铁矿中炼出高级的钢成为可能，钢材的工业化生产为19世纪大规模建设提供了可能。

工业革命后，生产力得到了很大发展，为了满足大跨度建筑、高层建筑的需求，产生了很多新的结构体系，如桁架、框架等得到长足发展（图1-8）。这些结构体系不仅体现在满足新材料的应用上，还体现在追求效率上，图1-9所示的英国水晶宫是世界上第一座用金属和玻璃建别，建筑业部分采用了制造业的组织形式，但在很大程度上，它仍是严格意义上的制造业产品在单个工地上的消费者和装配者[④]。

在这一时期，除了建筑技术本身的进步之外，更为重要的是技术的理论已经开始以力学和结构理论作为指导：1638年，伽利略(Galieo Gailiei)出版的《关于两种新科学——力学和局部运动——的论述与数学证明》论文中首次提出将梁抵抗弯曲的问题作为力学问题；1678年，英国皇家学会试验室主任胡克(Robert Hooke)提出胡克定律，奠定了弹性静力学的基础；17世纪后期，牛顿(Newton)创立了微积分的基础，促使力学在18世纪沿着数学解析的途径进一步发展起来……

三、现代建筑技术

现代建筑技术主要指第二次世界大战结束后至20世纪末的建筑技术。这个时期的技术是以原子能、电子计算机和空间技术的广泛应用为主要标志的，并涉及信息技术、新能源技术、新材料技术、生物技术、空间技术和海洋技术等诸多领域。

在这一阶段，现代建筑技术日益和使用功能、生产工艺紧密结合：公共和住宅建筑不但要求建筑、结构与给水排水、暖通、供热、供电等功能结合，而且日益要求与智能化功能相结合，如具有通信、办公、服务、防火、保卫等自动化功能；工业和科技建筑要求恒温、恒湿、防振、防腐、防爆、除尘、耐高（低）温、耐高湿，并向大跨度、超重量、灵活空间等方向发展。

面对这样的状况，建筑材料的发展主要体现在效能上，不管是传统材料——木、石、砖、瓦的改进，

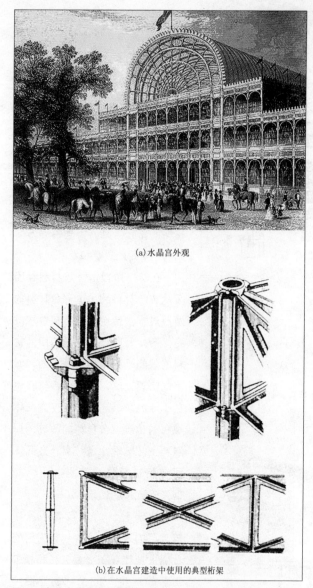

图1-9 水晶宫建造中使用的典型桁架（资料来源：Spiro Kostof 等，《A History of Architecture》，1995。）

造起来的大型建筑，并采用了重复生产的标准预制单元构件，施工从1850年8月开始，到1851年5月1日结束，总共花了不到9个月时间便全部装配完毕。

这种装配化、模数化的设计建造方式一方面得益于建筑工地上机械装置和其他相关辅助设备的应用增加，如大型水压机的发明使得桩基可以打入到地层深处，铆接机的发明使得金属构件的连接更为方便；另一方面是将原来在建筑工地进行作业的一部分逐渐转移到工厂。不过这所谓的业已形成的建筑"工业"与主要的制造业相比仍然有很大差

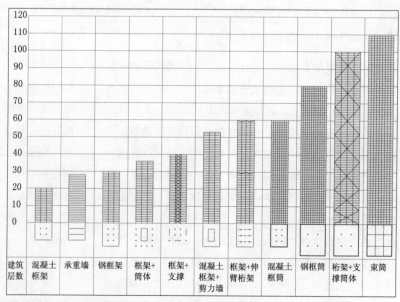

图1-10 高层建筑结构的演变（资料来源：作者自绘。）

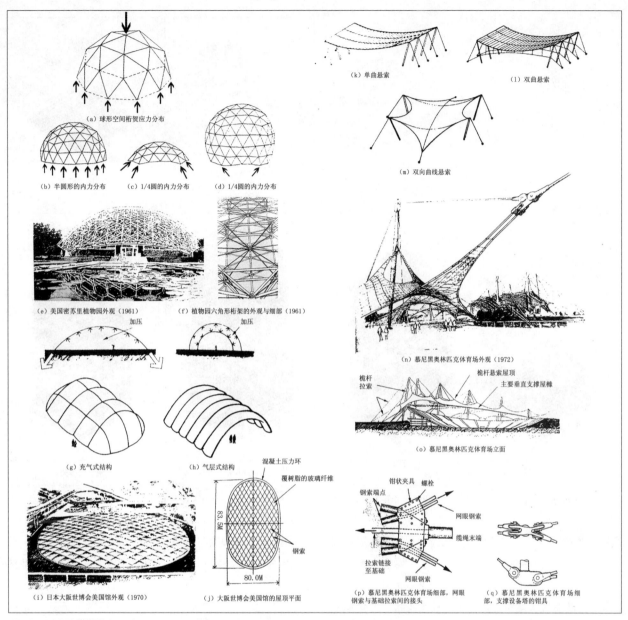

图1-11 现代建筑结构与形式（Fuller Moore《结构系统概论》，2001。）

还是新型人造复合材料——建筑塑料、金属板覆膜材料、玻璃钢的研发推广，都呈现出高强度、轻质化的趋势。

建筑结构的发展，一方面体现在高层建筑结构的演变（图1-10），即铸铁框架结构→全框架金属结构→钢筋混凝土结构→筒体结构；另一方面体现在大跨度建筑结构的发展，即网架结构体系、悬索结构体系、张拉膜结构体系等（图1-11）。

建筑工艺的发展在生产手段上除使用混凝土泵、自动升降机外，还开始采用机器人技术——如焊接机器人、配筋机器人等；在施工模式上呈现出工业化、现代化的趋势——如在工厂里成批生产房屋、桥梁的各种组合件到现场拼装的方式；在施工组织上，计算机辅助技术已开始用于生产管理——如企业管理、办公自动化、项目管理自动化的全过程之中。

建筑技术的学科理论得到进一步发展，如可靠性理论、土力学和岩体力学理论、结构抗震理论、动态规划理论、网络理论等。

历史上，技术体系的大规模整合始于高技术的发展。在前两次工业革命中，高技术不同部门之间的协调整合效应推动了社会的快速发展，但是，第二次世界大战之后，一种新的组织方式介入到高技术的发展当中，即系统科学的手段。第二次世界大战中"曼哈顿"计划的成功，使得多数人认识到"良好的组织管理可以提高

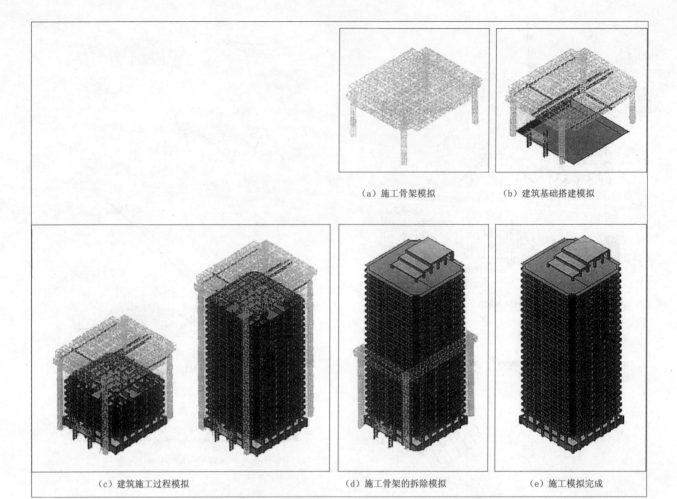

图1-12 建筑施工自动化控制系统（日本Obayashi Corporation）（资料来源：Michael/Chew Yit Lin,《Construction technology for tall buildings》, 2001。）

科研工作的效率"，并开始赞成国家对科学技术进行规划，正是在"曼哈顿"计划中才产生了现代的系统工程，这是组织复杂的技术协同发展所必要的新的管理手段[5]。现代高技术建筑正是基于这种系统科学的管理手段，将建筑材料、工艺技术、结构体系、技术理论进行整合，积极满足具有高效、多样功能的社会需求，逐步探索应付人口、土地压力的建筑技术策略，并尝试将制造业中经济、有效的整体建造体系引入到建筑体系当中，从而产生了新的美学标准，即产品主义。

四、当代建筑技术

当代建筑技术主要指20世纪末至今的建筑技术，一方面体现在数字化技术开发应用的基础之上；另一方面体现在传统技术的更新改造上。由于21世纪是节能和环保意识不断增强的时代，因此建筑技术发展主要呈现出以下趋势。

面对生态、环保的需求，建筑材料一方面通过利用可再生能源和材料、设置废弃物回收系统等方式开发绿色材料，发展替代技术；另一方面利用先进的数字化技术研究性能优良的复合材料如多功能、高效能的墙体材料、新型混凝土技术、模拟生物元件功能的仿生材料及智能型材料等。

在建筑工艺方面，一方面强调高效、低耗，高技术、低污染，高附加值、低运行费的工艺技术；另一方面通过对数字化的引入，对建筑的设计、建造、运作、维护等过程进行模拟（图1-12），不断提高设计和建造效率，校验建筑形态，并通过自动监控环境、降低建筑能耗等措施，实现多层面的建筑生态目标；最后，数字化建造技术正努力在统一性和唯一性、共性化和个性化、集配式和特殊式之间实现平衡，使得每个产品都可以成为新式的、非标准化的、定制的和个性的、更优质、更廉价的产品，从而满足不同人群的喜好。

建筑结构的发展，一方面是建筑急剧向高层发展的态势，这主要是由于人口的压力和土地资源的稀缺，例如研究具有高强度、良好延伸性和应变能力的钢结构；另一方面是改进地震区结构技术，研究高强度和高性能混凝土的应用，提高结构的抗震能力；最后，智能控制体系和参

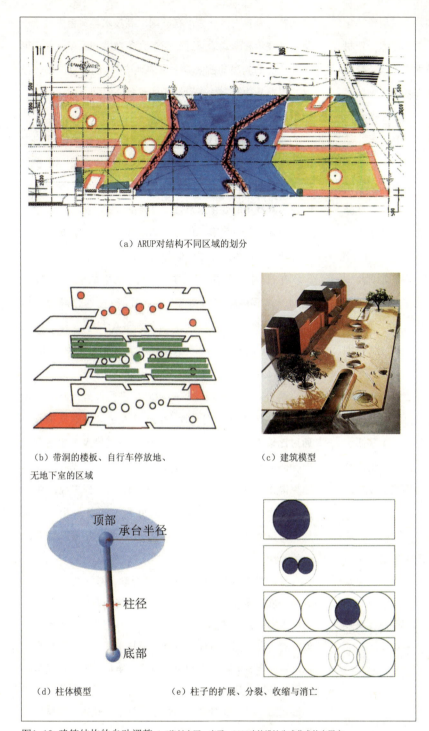

图1-13 建筑结构的自动调整（（资料来源：李飚，2007建筑设计生成艺术的应用实验，新建筑，03：24—26。）

数化技术的应用，建筑结构构件在一定程度上可达到自我调节的目的（图1-13）。

在能源利用方面，进一步开发利用太阳能、洁净能源，开发用于建筑室内环境质量和节能的智能技术，开发可回收性材料的成品和工艺以及资源综合利用技术，开发高效气体转化的催化材料和传感材料技术，将是节约能源和环境保护的重大举措。

第三节 高技术建筑的概念

一、高技术概念

"High-tech"一词首先出现在美国，特指20世纪60年代的建筑业，当时两位美国建筑师为描述新建筑所广泛采用的新技术、新材料和新工艺，而合写了一本叙述新型建筑的书，书名叫作《高格调技术》[6]。1981年美国又出版了一本High-tech月刊，指的是利用最新科学技术成果开发生产出来的新型产品称为高技术产品[7]。1983年"High-tech"一词被收入美国出版的《韦氏第三版国际词典补充9000个词》中，由此作为一个正式名词固定下来[8]。在韦氏词典中，"High-tech"具有两层含义，一层含义是High technology，即涉及科学技术的生产或使用先进的或复杂的设备，尤其是在电子和计算机领域[9]；另一层含义是指一种具有工业产品、材料或设计特色的室内风格[10]。

"High-tech"作为外来引入的概念，在国内叫高新技术，在国外通称高技术[11]。对"High-tech"概念的界定，国内学者一般都认为高技术是指"基于基本原理及概念主要建立在最新科学成就基础上的现代技术，是对20世纪40年代中期以后出现的一系列新的技术领域的统称"[12]。但是，由于国内学者研究领域的不同，概念上的差异主要表现为以下方面。

（1）特指先进的技术，如《当代科学学词典》中高技术是指当前正在迅速发展的各项新兴技术，在国外也被称为尖端技术、先导技术等，内容包括电子技术、新材料技术、新能源技术、生物工程技术和通信技术等[13]。

（2）特指具有巨大社会经济效益的技术[14]，如《农业大词典》、《社会科学新辞典》、《现代经济词典》、《中国乡镇企业管理百科全书.》、《现代科学技术名词选编》等中的解释大致相同，区别在于对具体技术的说明上。如《农业大词典》、《现代经济词典》、《现代科学技术名词选编》中高技术包括生物技术、信息技术、新材料技术、新能源技术、海洋技术、空间技术等；《社会科学新辞典》中高技术特指信息技术、航天技术、生物技术等；《中国乡镇企业管理百科全书.》中高技术特指若干个技术非常密集的产业，包括微电子技术、信息技术、航天技术、生物工程技术等。

（3）强调技术的综合应用，如《社会科学大词典》中高技术是一个综合的概念，是众多技术的集合，其产品结构复杂，技术成分较高，研制费用昂贵，产品比较新颖，一般需要组织研制才能成功[15]。

（4）强调高技术的历史相对性，如《新语词大词典》中高技术是指正在迅速发展的超越传统技术的高级新兴技术，这是一个历史的动态的发展的概念[16]。

从国内外权威领域对高技术概念的界定中，既强调了高技术对社会经济发展的巨大推动作用，又强调了高技术的历史相对性以及高技术体现为技术的综合以及技术的创新。由于国内外背景的差异[17]以及当前可持续发展的要求，所以，韩国"经济起飞、科技发展之父"的崔享博士把高技术分为三个层次来理解：技术的改进、技术的综合以及技术的创新。技术的改进、技术的综合均属于高技术的范畴，更重要的是技术的创新[18]。

二、高技术建筑概念

"High-tech"一词首先出现在美国，国内建筑领域对这一概念的引入常加以"风格化"的理解。针对高技术建筑的理解，国外学者对这种风格化的解释普遍持批判的态度，"那些流行一时的高技派建筑的理论基础，以其奇特、夸张或庸俗而闻名于世，其思想是十分浅显的……[19]"，"高技术建筑师同意所有关于高技术建筑的观点，除了将其看成一种风格……[20]"。

国外学者在对这种风格化持普遍批判的同时，也对其概念进行了深入的辨析。科林·戴维斯（Colin Davies）认为现代高技术建筑的概念经历了两个阶段：第一个阶段是20世纪70年代，建筑师为了时尚的理由对其概念滥以解释；第二个阶段是一个含糊不清的阶段，对其概念的解释主要是为了区别工业领域中的高技术，如电力、计算机、硅有机树脂、机器人等[21]。从历史的角度来分析，高技术建筑的历史既可以追溯到18世纪的工业革命，也可以追溯到20世纪60年代[22]；从对其概念的研究背景来看，克鲁夫特认为，在美国，高技术建筑首先被看作是一种技术和形式的问题，而在大多数欧洲国家，意识形态和社会的问题却占据着主导的地位[23]，例如英国的高技术建筑涉及功能、生产、结构、设备、空间、建筑类型、城市等几个方面[24]。

通过国外学者的研究可以看出：高技术建筑的概念并不是固定不变的，而是呈现相对性的特征，这在科林·戴维斯1988年所著的High Tech Architecture中已经明确了其概念的变化以及依据。与此同时，对这一概念的研究也并不仅仅局限于以技术与形式为主题，而更是综合了"社会、技术、美学"的影响。

在国内学者的研究中，对此概念的研究也各不相同，从词源学角度来看，秦佑国教授通过解读"建筑（Architecture）"、"艺术（Art）"和"技术（Technology）"的原意及其历史演变来说明"High-tech"应该作为"高工艺"来理解[25]；从技术史角度来看，通过对高技术概念中的相对性进行理解，从而解读高技术建筑概念的相对性[26]；从技术服务的对象来看，通过比较高技术建筑与低技术建筑在满足人类生活需求的不同，从而明确高技术建筑的目的是为了满足人类生活更高的追求[27]；从高技术建筑的研究内容来看，由于研究对象的不同，其概念和时间划分也各不相同，但是，可以看出高技术建筑的概念正在不断拓展，紧跟时代的步伐。

国内学者对高技术建筑在词源学、技术史、技术服务的对象、高技术建筑的研究内容等各个方面都进行了较为深入的研究，在概念研究上与国外具有共识，如秦佑国教授的"高工艺"解读——强调高技术建筑的技艺结合，以及其他学者的相对性辨析和概念理解的拓展等。这些足以说明高技术建筑概念是相对的，它不仅仅局限于以技术与形式为主题，而且更为综合了"社会、技术、美学"的影响。

通过借鉴国内外学者的研究成果，可以尝试对高技术建筑概念作如下的陈述：高技术建筑具有相对性特征，它是利用当时条件下的先进技术，实现和满足社会发展的需求，通过新技术的集成，改善和提高人类的环境质量，并在创作中极力表达和探索各种新美学思潮的建筑类型。

社会发展所引发的社会需求变化是技术创新、美学思潮演变的基石，而技术创新和美学思潮在满足社会发展的同时，也影响和改变着社会的发展。高技术建筑正是在这样的社会背景下存在的，这些因素也深深影响到高技术的应用和表现上。

在物质因素层面上，高技术建筑集中体现了所处时代科技发展的水平，高技术在建筑领域的应用产生新的结构形式、新的空间形态和新的构造、施工方法。例如，当代高技术建筑的技术手段主要表现在：建筑制品的工业化生产、新的结构技术、新的材料技术、新的施工建造技术、不断发展的智能技术以及计算机在建筑领域的全面应用等方面。

在美学层面上，高技术建筑表达与反映高新技术思想的形式与方法具有多样性和多元化的特征，而非仅仅局限于"高技派"的美学观和美学思想。高技术建筑作为具有上述特征的建筑集合而存在，而非仅仅如同"高技派"建筑作为一种风格或流派而存在。不同的建筑流派都可以根据自己的建筑理论和美学思想，采用丰富多彩的方式运用高新技术创造出形式多样的高技术建筑。

注释：

1. 维特鲁威著。高履泰译.建筑十书[M]。北京：知识产权出版社，2001：16.

2. 梁思成著。梁思成文集（四）[M]。北京：中国建筑工业出版社，1982：15.

3. (英) 查尔斯·辛格等著。孙希中，王前译。技术史(Ⅲ)[M]，上海：上海科学教育出版社，2004：85.

4. (英) 查尔斯·辛格等著。孙希中，王前译。技术史（Ⅴ）[M]。上海：上海科学教育出版社，2004：173.

5. 刘大椿著。科学技术哲学导论[M]。北京：中国人民大学出版社，2000：325.

6. 徐同文著。知识创新——21世纪高新技术[M]。北京：北京科学技术出版社，1999：13.

7. 舒初。高技术的定义[J]。南京农专学报，2001，4：102.

8. 李如海著。人文与科技常识[M]。北京：中国铁道工业出版社，2004：135.

9. 韦氏国际词典，原文如下：scientific technology involving the production or use of advanced or sophisticated devices especially in the fields of electronics and computers.

10. 韦氏国际词典，原文如下：a style of interior design featuring industrial products, materials, or designs.

11. 王济昌，王晓琍著。现代科学技术名词选编[M]，郑州：河南科学技术出版社，2006.

12. 王久华著。高技术开发与管理[M]。北京：北京企业管理出版社，1994：12.

13. 向洪著。当代科学学词典[M]。成都：成都科技大学出版社，1987.

14. 详见《农业大词典》、《社会科学新辞典》、《现代经济词典》、《中国乡镇企业管理百科全书》、《现代科学技术名词选编》中对高技术的解释。

15. 彭克宏著。社会科学大词典[M]。北京：中国国际广播出版社，1989.

16. 韩明安著。新语词大词典[M]。哈尔滨：黑龙江人民出版社，1991.

17. 按照国际经济发展水平的界定，我国人均GDP低于7000美金，尚处于第三世界的范畴。

18. 李如海著。人文与科技常识[M]。北京：中国铁道工业出版社，2004：135.

19. (德)汉诺—沃尔特·克鲁夫特著。王贵祥译。建筑理论史——从维特鲁威到现在[M]。北京：中国建筑工业出版社，2005：334-335.

20. Colin Davies著。High Tech Architecture[M]。USA：Rizzoli international Publication, 1998：1.

原文为：High Tech architects all agree on at least one thing: they hate the term "High Tech".

21. Colin Davies著。High Tech Architecture [M]。USA：Rizzoli international Publication, 1998：1.

原文为：The first is that in the early 1970s, "High Tech" was often used as a term of abuse by architecs who had taken up the fashionable cause of "alternative technology"…… Second, it is an ambiguous term, High Tech in architecture means something different from High Tech in industry, in industry it means electronics, computers, silicon chips, robots, and the like.

22. Colin Davies著。High Tech Architecture [M]。USA：Rizzoli international Publication, 1998：14.

原文为：where did High Tech architecture come from, There are two useful historical perspective of long range and short range, of 200 years and 20 years…… we should not under-estimate the influence of eighteenth structures on British architects.

23. (德)汉诺—沃尔特·克鲁夫特著 王贵祥译。建筑理论史——从维特鲁威到现在[M]。北京：中国建筑工业出版社，2005：334-335.

24. Colin Davies著。High-Tech-Architecture [M]。USA：Rizzoli international Publication, 1998：1-14.

25. 秦佑国。从Hi Skill到Hi Tech [J]。世界建筑，2002，1：68-71.

26. 曾群高技术建筑的相对与永恒[J]，华中建筑，2003，2：19-20.

27. 费菁，傅刚。高技与低技[J]。世界建筑，2002，5：77.

第二章 高技术建筑的发展历程

由于高技术建筑是一个具有时空性的、发展的、动态的、相对的概念,随着社会需求的改变、科技的不断更新、美学思潮的革新而发生变化,从这个意义上来说,高技术建筑体系是一个不断拓展的开放体系,不同的时代、不同的地域有着不同时代、地域和气候特征的高技术建筑。工业革命前,"高技术"主要强调手工技艺;工业革命后,建筑技术和材料迅猛发展,高技术建筑经历了从近代探索工业化模式、解决功能跨度→现代对技术的狂热到技术反思的转变→当代关注生态、文脉等方面的历史发展过程(表1-2)。

高技术建筑的历史与发展概括　　　　　　　　　　　　表1-2

	高技术建筑的历史			高技术建筑的发展
	第一次工业革命	第二次工业革命	第二次世界大战后至20世纪末	21世纪初至今
社会需求	工业化生产模式、交通设施的建立	城市建设与商业活动频繁、人口增加、土地价值的显现	战后重建、资本积累、土地利用	可持续发展
技术创新	材料技术	结构技术、设备技术	结构、材料、设备	数字化技术
美学思潮	复古主义、未来主义、洛可可艺术	现代主义	产品主义	多元化
存在方式	模数化设计与装配式建造、大空间的工业建筑、关注传统形式的表达	高层建筑、大跨度建筑、新形式	功能效率、未来的探索、产品主义	生态化、数字化建造、形式的多样性
表现形式	将传统建筑结构的兴趣作为形式创作的源泉	抽象、透明,建筑空间造型和组织不再受材料和结构的限制	空间形态和功能组织不再严格地受自然环境的限制	探讨形式上的各种可能性

(资料来源:作者自绘。)

第一节 第一次工业革命与高技术建筑

18世纪从英国发起的技术革命是技术发展史上的一次巨大革命,它开创了以机器代替手工工具的时代。这不仅是一次技术改革,更是一场深刻的社会变革。这场革命是以蒸汽机的诞生开始的,以蒸汽机作为动力机被广泛使用为标志的。这一次技术革命和与之相关的社会关系的变革,被称为第一次工业革命或者产业革命。

在社会需求方面:城市人口的激增、传统城市配套设施的落后迫使以"分区"为特征的城市开始出现,交通成为城市改造的重点。伴随着以铁路、桥梁为主的新交通体系的建立,不同于以往的新建筑类型开始出现——工业建筑、交通建筑、展览建筑等。在技术创新方面,铁路、桥梁的大量建设促使了以铁为主的金属材料技术的更新改造,材料技术的进步、社会追求效率的要求在一定程度上促使了对建筑模数化设计和装配式建造的探索。同时面对机械设备的安置需求,在新建筑的类型中追求大空间的趋势也越发明显。在美学演变方面,复古主义、未来主义以及洛可可艺术的延续相互交织,高技术建筑则呈现出以建筑结构作为形式表达兴趣的美学演变。

高技术建筑在这一时期主要呈现出三种不同的发展方向:首先,面对城市工业化的进程,城市建设一方面需要快速的施工建造方式,高技术建筑开始体现在模数化设计与装配式建造方式当中;其次,工业化的生产模式、交通设施的建设、先进技术的展示带动了诸如工业建筑、交通建筑、展览建筑等新建筑类型的出现；最后，面对新技术的发展，急需可以适应新形式与传统形式的美学标准的建立。

一、模数化设计与装配式建筑——经济、效率的体现

在近代工业革命时期，面对生产力的发展，模数化设计与装配式建造体现了快速建造的社会发展需求。面对建筑需求量的增加，标准化的生产模式首先被用于传统建筑样式的批量化。如19世纪初，为了创作经济、适用的建筑，法国建筑师让·尼古拉·路易·迪朗（J.N.L.Durand）提出一种把固定的平面类型和不同的立面以模块置换的类型学方法（图1-14）[①]。把古典形式作为模数制部件的体系，根据这种体系人们可以按照一定意图组合成新的建筑类型，如拿破仑王朝的市场大厅、图书馆和兵营等。

到了19世纪中期，新技术的优势在效率方面得以体现，如运用铸铁柱、熟铁梁和模数制玻璃窗的预制装配建造技术，快速建造市场、交易所、拱廊街、展览厅等建筑。与此同时，新的材料、结构本身也作为艺术形式的表现而存在，对传统的美学思潮形成冲击。如1851年的水晶宫（图1-15）除了从设计构思、制作、运输到最后建造和拆除的一个完整的建造体系外，也展现出一个精美的线形材料构成的网格系统，产生了全新的空间感受。正如美国建筑理论家理查德·韦斯顿的评论：一个在结构、光与空间的处理上完全崭新的审美趋向真实而确凿地摆在人们面前[②]。

基于以上分析，可以看到第一次工业革命时期高技术建筑在追求效率化的过程当中，呈现出从早期传统艺术形式的批量化到新技术本身作为艺术形式而存在的发展趋势。

二、高技术建筑与新的功能机构——新机构的需求（大空间）与新艺术标准的建立

近代社会对于新的功能机构——工业建筑、交通建筑、展览建筑——自由、开放空间的普遍需求，向既有的建筑准则提出了挑战，不仅需要新的建筑技术支撑，同样也催生了新艺术标准的建立。

早期的工业建筑主要解决的是大空间的问题，最初这些建筑只是被当作构筑物处理，建筑艺术并没有得到相应的发展。最初厂房的结构是沿用自哥特时期以来各个时代很流行的沉重木构架，木制的屋顶桁架剩有足够的空

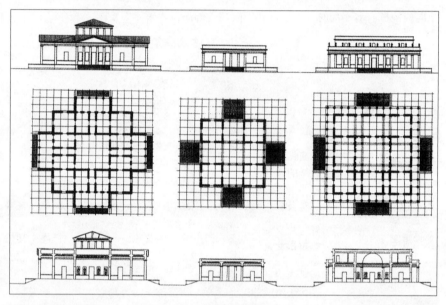

图1-14 迪朗类型学（资料来源：肯尼斯·弗兰姆普顿，《建构文化研究》，2007。）

图1-15 水晶宫内景（资料来源：理查德·韦斯顿，《现代主义》，2006。）

图1-16 原始小屋（资料来源：肯尼斯·弗兰姆普顿，《建构文化研究》，2007。）

图1-17 牛顿纪念堂（资料来源：Spiro Kostof，《A History of Architecture》，1995。）

间，可以在中央装置体形较长的精纺机，但是，此时的机器只能设置在建筑的阁楼。到了19世纪初期，为了使工业建筑在各层都可以装置机器，开始尝试采用铸铁屋顶桁架技术解决工业建筑大空间的问题。由于铁具有防火性、廉价、制造简单以及负荷承载能力较好等特点，铸铁柱、梁开始应用到工业建筑中。

在这一时期工业建筑的发展中，高技术主要体现在解决功能问题。这一规律在其他建筑类型中也有体现，但与此同时，新技术的进步也孕育了新的形式，这在展览建筑中表现得更为突出，如1851年的水晶宫运用经济法则、数学计算和管理学等理论，创造了独特的建筑形式。而对于交通建筑的困惑——如何体现城市的标志性象征，新美学标准的建立成为迫切的需要，正如工程师列昂斯·雷诺于1850年在他的《论建筑》一文中写道："艺术不像工业那样有突飞猛进的发展，因此今天大多数铁路的服务建筑或多或少存在着有待改进之处。有些车站布置得比较合理，但具有工业或临时建筑的特点，不像一个公共建筑。③"

通过对第一次工业革命中高技术建筑在新的功能类型中所呈现的发展状况，可以看出：技术的创新与新的美学形式之间的关系并不是相对应的，它由建筑类型的功能需求、与城市整体的关系、建筑本身对于艺术创新的需求等方面所决定。

三、高技术建筑与传统形式的关系

17世纪以来，科学技术革命促进了近代工业革命的产生和发展，机械生产发出的挑战以及由此引发的设计风格上的纷杂无序，使得人们重新审视建筑的基本法则。在面对传统艺术形式的问题上，既有将对建筑结构的兴趣作为形式基础的积极转变，使新技术本身成为艺术，也有传统艺术形式本身的自我增值，新技术成为艺术的装饰。

在这一时期，对建筑结构的兴趣成为形式创作的源泉。1706年，德·科德姆瓦(Abbe de Cordemoy)在《对各类建筑的新论文集》中开始关注形式的纯粹性。之后的劳吉尔神父(Abbe M.A.Laugier)在1753年的《论建筑》中通过"原始小屋"进一步阐释了科德姆瓦形式纯粹性的观念（图1-16）。到了1772年，建筑师部雷(Etienne Louis Boullée)通过伊萨克·牛顿纪念堂方案（图1-17）延续了这一观念。科德姆瓦，劳吉尔和部雷等人对结构与形式的兴趣主要通过对传统结构样式的简化来表达。

到了19世纪中叶，随着铁的广泛应用，结构与形式的关系主要通过新技术来表达传统的结构形式，如拉布鲁斯特设计的圣热内维夫图书馆（图1-18）使用铸铁和锻铁的建造手法，它的两个筒形拱顶大厅不依附于外墙而独立支撑，其中应用的那些铁质材料还是在结构上秉承了木结构的主要特性。

(a) 圣热内维夫图书馆剖面　　　　(a) 铸铁装饰

图1-18 圣热内维夫图书馆剖面及铸铁装饰（资料来源：理查德·韦斯顿，《现代主义》，2006。）

基于上述分析，高技术建筑有关艺术形式的探索是由技术引发的，其重点关注的对象是结构与形式的关系，并呈现出将传统结构样式简化到运用新技术来表达传统结构形式的发展趋势。

第二节　第二次工业革命与高技术建筑

第二次工业革命始于19世纪70年代，是以电力的广泛应用为主要标志的。1870年以后，科学技术的发展突飞猛进，各种新技术、新发明层出不穷，并被迅速应用于工业生产，大大促进了经济的发展。在社会需求方面，随着城市工业化进程的加速、交通体系的建立，城市功能分区中的土地价值开始突显，尤其以城市商业中心区最为明显，这直接推动了高层建筑的发展。与此同时，人与物的大量交流，大跨度建筑的广泛需求也开始出现。在技术创新方面，电力和内燃机带动了冶金工业在工艺方面的创新，高质量的钢铁产量增大。同时建筑结构、材料、设备等技术理论的深入研究，为大跨度建筑、高层建筑的发展提供了技术支持。在美学演变方面，旧有的美学已经无法满足社会的需要，社会的反思促进了现代主义新美学的建立和发展。

高技术建筑在这一时期主要呈现出三种不同的发展方向：首先，城市建设和商业活动频繁，人口的增加、土地价值的显现以及材料、机电设备和结构体系的完善直接推动了高层建筑的大量产生；其次，在城市内部出现了需要满足人员集中的大型会议展览中心、百货商店等大跨度建筑，在城市之间，跨度大、安全性能高的高架桥梁被大量建设，尤其到了20世纪之后，随着汽车、飞机开始出现，容纳这些新型交通工具的大型工厂、仓库开始出现；最后，工业产品极大丰富的同时，旧有的美学已经无法满足社会的需要，社会的反思也促进了新美学——现代主义的产生和发展。

图1-20 家庭保险公司大楼（资料来源：理查德·韦斯顿，《现代主义》，2006。）

图1-19 世界第一座安全升降机（资料来源：吉迪翁，《时空与建筑》，1979。）

图1-21 纽约伍尔沃斯大楼（资料来源：Roberta Moudry，《The American Skyscraper》，2005）

一、高技术建筑与高层建筑的发展

18世纪末，欧洲和美国的工业革命带来了生产力的发展与经济的繁荣。这个时期，城市化发展迅速，城市人口高速增长。为了在较小的土地范围内建造更多的使用面积，建筑物不得不向高空发展。19世纪初，英国出现铸铁结构的多层建筑（矿井、码头建筑），但铸铁框架通常是隐藏在砖石表面之后的。1840年之后的美国，锻铁梁开始代替脆弱的铸铁梁。熟铁架、铸铁柱和砖石承重墙组成笼子结构，是迈向高层建筑结构的第一步。

进入到第二次工业革命之后，高层建筑的技术发展进入了新的阶段，第一个阶段是从1850年电梯发明起一直延续到20世纪30年代中经济危机的结束。1853年奥迪斯（Elisha Graves Otis）在纽约举办安全电梯展览（图1-19）；1857年在纽约城百货公司安装了第一台蒸汽驱动安全电梯；1890年奥迪斯发明了现代电力电梯。由于乘客电梯的出现，建筑突破5层的高度限制（徒步可行的登高距离），而埃菲尔铁塔在斜腿上使用了双轿厢的水力电梯，并且高度已经达到312m。1871年的芝加哥大火，高层建筑中铁部件的失败教训促成了建筑防火设计的进步。建造者开始在铁梁和铁柱外面覆盖面砖，并应用空心砖楼板来提高金属骨架的耐火性能。

与此同时，建筑师们却束缚在传统风格中不能自拔，19

图1-23 里赖恩斯大厦(1895年)（资料来源：吉迪翁，《时空与建筑》，1979。）

图1-22 克莱斯勒大楼（1933）（资料来源：丹·在鲁克香克，《弗莱彻建筑史》，1996。）

图1-24 格罗皮乌斯芝加哥论坛报大厦方案（资料来源：Katherine Solomonson，《The Chicago Tribune Tribune Tower Competition》，2001。）

世纪末流行的文艺复兴时期府邸风格开始作为高层建筑的原型。如威廉·勒巴隆·詹尼（William Le Baron Jenney）在1885年设计并建造的家庭保险大楼（图1-20），该建筑表面在水平方向上采用罗马复兴风格来组织和表现传统的承重砖墙、窗间墙。但随着建筑的不断升高，府邸风格已很难实现，因而必须探寻新的设计构图方法。例如探索有垂直感的立面处理，富有表现力的基座和顶部等。典型的建筑有

1913年建筑师卡斯·吉尔伯特（Cass Gilbert）设计的纽约伍尔沃斯大楼（图1-21）和1930年建筑师William Van Allcn设计的克莱斯勒大楼（图1-22），它们都有装饰性很强的基座和屋顶。正如吉迪翁（Sigfried Giedion）所指出的："建筑技术的进步似乎只带来一些实际问题：怎样利用新的方法产生老效果。但是甚至在19世纪早期就有人看出，这些堆砌在建筑上的种种老形式不可能衍生出真正杰出的新传统。[④]"

与此同时，欧洲和美国的少数建筑师，坚决反对抄袭历史形式，坚信现代主义建筑设计的理念，认为一幢新建筑应符合新功能、新材料、新社会制度和新技术的要求，并对高层建筑设计进行了积极探索，奠定了20世纪30~60年代现代主义高层建筑的设计原则和形式基础。如1895年由C•B•阿特伍德（Charles B.Atwood）设计的里赖恩斯大厦（图1-23），其水平带几乎全是玻璃，强调围护结构的轻质透明，表达框架结构的美学特点，建筑的美学特色有别于官邸式三段式建筑的沉重感，促进了20世纪中叶产生的由钢和玻璃组成建筑的美学。沃尔特·格罗皮乌斯（Walter Gropius）和伊利尔·沙里宁（Eliel Saarinen）参加1922年举行的芝加哥论坛报大厦设计竞赛的设计方案对后来高层建筑设计影响最大：格罗皮乌斯的设计方案形式简洁，没有多余的装饰，充分展现框架结构的美学品位，无论是在结构上还是功能上都是杰出的，适合办公楼要求，成为第二次世界大战后流行的高层办公楼形式的萌芽（图1-24）；而沙里宁的方案强调建筑垂直上升的表现，顶部收缩、跌落，但形式同样的简洁和反对繁琐装饰，是体现现代主义建筑设计理念的成功作品（图1-25）。

第二个阶段从20世纪30年代中期一直延续到第二次世界大战之后，由于20世纪初出现的钢筋混凝土结构，房屋支撑结构与围护结构开始分离，之后随着防火技术与

图1-25 伊利尔·沙里宁 芝加哥论坛报大厦方案（资料来源：Katherine Solomonson,《The Chicago Tribune Tower Competition》,2001。）

图1-26 德国柏林腓特烈大街的玻璃塔（资料来源：理查德·韦斯顿,《现代主义》,2006。）

图1-27 巴黎庇护城（资料来源：W·博奥席耶,《勒·柯布西耶命全集第二卷1929~1934》,2005。）

图1-28 葡萄牙DONRO大桥（资料来源：吉迪翁,《时空与建筑》,1979。）

安全疏散的提高以及空调系统的出现，幕墙概念开始产生。高层建筑的形式开始发生变化：密斯·凡·德·罗（Ludwig Mies Van der Rohe）在1921年所做的德国柏林腓特烈大街的玻璃塔（图1-26）方案展示了玻璃幕墙的虚幻效果；柯布西耶在1933年设计并建造的巴黎庇护城（图1-27），形式更为纯净，并且首次实现了面积达1000m²的全封闭式玻璃幕墙，并在内部装备了一个送风系统（该送风装置是柯布当时的研究论题"拱顶石"，它是在经费极为短缺的情况下实施的，但效果却超出了预先的期望），该系统达到了建筑内部空气流通的目的，使得冬夏两季都可以达到满意的效果。

第二次工业革命的技术成就推进了高层建筑的发展，它不仅向人类展示了高技术带来的建筑类型的转变，同时也体验到从传统府邸形式到新形式的视觉效应。直到现在，这种新的艺术形式依然伴随着高层建筑的发展，不断改变着城市的面貌。

二、高技术建筑与大跨度建筑的发展

第二次工业革命期间人类的活动更加走向开放，人们已不再闭关自守，而是不断扩大国与国、洲与洲以至全世界范围的交流。学术、文化、艺术与商业上的交流促使一些大城市建成了规模庞大的会议展览中心，此外，各种临时性与永久性的博览会，也要求提供上万平方米的面积。进入到20世纪之后，人们开始更多地乘坐汽车、飞机等现代化的交通工具，因而桥梁与飞机库成为20世纪第一次世界大战与第二次世界大战之间大跨度建筑的典范。跨度大、自重轻、造型富于变化就成为这些建筑的共同特征。

在这一时期，材料技术的进步推动了大跨度建筑的发展。1870年之后，廉价钢材的应用使大跨度问题更容易解决。这在桥梁领域表现得更为突出：1875年居斯塔夫·埃菲尔（Gustave Eiffel）在葡萄牙的一座高架铁路桥最大跨度达到160m（图1-28）；1890年本杰明·贝克设计的福斯桥跨度达到惊人的521m，福斯桥证实了贝克1867年文章的结论⑥，它的壮观外形也证明了人类的智慧在重重约束下所能够获得的自由。与此同时，高架桥中所蕴含的新形式也在积极地探索中，其中典型的是埃菲尔发展了船形基座和竖向为抛物线剖面的圆管铁塔，这些形式表明他为解决水与风的相互动态作用所作的不懈努力。与此同时，1889年的埃菲尔铁塔则充分展现了其形式潜

图1-29 罗伯特·德洛奈的绘画：埃菲尔铁塔（资料来源：理查德·韦斯顿，《现代主义》，2006。）

图1-30 巴黎国际展览会展厅（1855年）（资料来源：吉迪翁，《时空建筑》，1979。）

图1-31 巴黎国际展览会机械馆展厅（1889年）（资料来源：舒勒尔，《现代建筑结构》，1990。）

(a) 建筑外观　　　　　　　　　　　　　　　　　　　　(b) 大厅内景

图1-32 布雷斯劳展览会世纪大厅（资料来源：中国建筑学会，《20世纪世界建筑精品集锦》，2003。）

力：对于这种新形式所带来的影响，在这一点上，没有人比得上罗伯特·德洛奈（Robert Delaunay），我们从他1910年创作的绘画《埃菲尔铁塔》（图1-29）中看到：他试图使用琐碎的色块从每一个方向、每一个视角来表现铁塔高耸于巴黎上空的统治地位，它醉心于早期现代主义者当中[①]。弗拉基米尔·塔特林（Vladimir Tatlin）在1919~1920年设计的第三国际纪念碑中，把埃菲尔铁塔视为新的社会和技术秩序的主要象征。

在桥梁领域取得重大突破的同时，大跨度建筑也迎来了新的发展，为了获得更大的空间，高技术建筑的突破在这一时期集中体现在对穹窿问题的解决上。1851年建造的水晶宫虽然采用了装配式预制构件，建筑内部依然采用支柱支撑，穹窿的建造方式并没有多大的贡献。到了1855年巴黎国际展览会的展厅设计中，穹窿的建造方式开始突破传统，首次采用了铸铁格架梁承托穹窿（图1-30），用传统的哥特式扶壁代替了支柱，跨度达到48m，比水晶宫多了26m。而1878年的巴黎国际展览会上的机械展览馆首次采用了桁架体系，这种新的体系要求悬空的部分平均承担重量，并将建筑上所有的力直接引导到基础之上，突破了传统的哥特式建造方式。1889年巴黎国际展览会上的机械馆不仅在技术上进一步突破，首次采用了三铰拱，跨度更是达到了115m（图1-31），而且也打破了传统穹窿建筑上那种静止的感觉，整体结构表现出了运动感。20世纪初，随着钢筋混凝土技术的发展，马克斯·贝格（Max Berg）1913年设计的布雷斯劳展览会世纪大厅采用大尺寸钢筋混凝土构件解决穹窿的问题（图1-32）。到了20世纪20年代，预应力混凝土开始出现，穹窿的形式变得更为自由，这充分体现在1923年尤金·弗雷西内（Eugene Freyssinet）设计的奥利机场机库（图1-33）以及1943年奥斯卡·尼迈耶（Oscar Niemeyer）设计的巴西圣弗朗西斯科教堂当中（图1-34）。

纵观第二次工业革命大跨度建筑的发展，急剧发展的桥梁建设不仅有效地解决了城市间的交通问题，同时也推动了大跨度结构技术的进步。而城市中百货商店、大型仓库、展览建筑犹如雨后春笋般地出现，追求大空间的动力带动了对传统穹窿技术的改进。与此同时，钢筋混凝土框架结构的发展也为平屋顶建筑创造更大室内空间提供了技术支持，如瑞士建筑师罗伯特·马亚尔（Robert Maillart）1912年采用了无梁"双向"楼板体系实现了欧洲第一个无梁楼盖，这种体系可减少楼板与

图1-33 奥利机场机库（资料来源：舒勒尔，《现代建筑结构》，1990。）

图1-34 巴西圣弗朗西斯科教堂（资料来源：理查德·韦斯顿，《现代主义》，2006。）

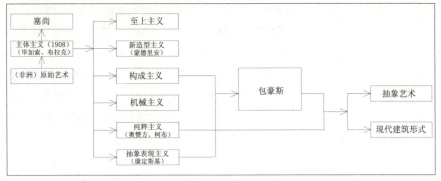

图1-35 现代主义建筑与艺术源流图（资料来源：Ludwig Hilberseimer, Kurt Rowland,《近现代建筑艺术源流》，1982。）

柱顶的尺寸。

三、高技术建筑与新形式的探索

现代主义建筑的形成和发展有其历史的必然性，是与当时社会的形成密不可分的。工业革命奠定了新的经济基础，而上层建筑也发生了根本的变化。从20世纪开始，西方国家相继进入了资本主义成熟发展的时期，以生产力的巨大发展、工业逐渐成为国民经济的主要成分、人口的骤增、都市化等为主要特征。旧有的建筑设计模式已经逐渐难以适应新的形式，人们开始寻求更为合适的建筑表达方式。在最初的探索阶段，起步稍早的现代主义艺术运动就给探索者们提供了灵感和理论基础，如图1-35所示的现代主义建筑与艺术源流图中，抽象、透明等特征逐渐成为现代主义建筑形式，区别于传统建筑形式的外在特征。

1. 抽象

20世纪的现代主义建筑大师们从新建筑本身的结构、功能中找到了新形式的源泉。而立体主义、构成主义艺术中所呈现的抽象性特征则影响到了建筑形式的发展。

20世纪初，捷克建筑师约瑟夫·霍霍尔(Josef Chochol)设计的布拉格维谢瓦德别墅（图1-36）中表现了立体主义最主要的形式特征——将完整面抽象成许多的块来表达，但是其真正的含义还是立足于空间的处理，这直到第一次世界大战后才引起人们的注意。1924年吉瑞特·托马斯·里特维德(Gerrit Thomas Rietveld)设计的乌得勒支住宅（图1-37），通过光洁的板片、

图1-37 乌得勒支住宅（资料来源：米歇尔·瑟福，《抽象派绘画史》，2002。）

图1-38 萨伏伊别墅（资料来源：理查德·韦斯顿，《现代主义》，2006。）

横竖线条、大片玻璃错落穿插组成了简洁的立方体，简直就是蒙德里安绘画的立体化。在1931年柯布西耶设计的萨伏伊别墅（图1-38）中，将纯粹主义和立体主义融合到建筑的形式、空间当中，其表现了空间、结构、功能的抽象、简单几何形体及其机械组合，体现了功能、技术及形式的结合。在此过程中，即使是装饰也采用了更为抽象的表达方式，如1929年巴塞罗那世博会德国馆中的圆角形十字钢柱（图1-39）。

图1-36 布拉格维谢瓦德别墅（资料来源：理查德·韦斯顿，《现代主义》，2006）

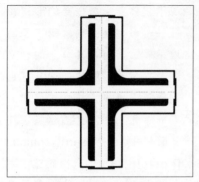

图1-39 巴塞罗那世博会德国馆中的圆角形十字钢柱（资料来源：肯尼斯·弗兰姆普顿，《建构文化研究》，2007。）

2. 透明

透明与现代主义建筑的发展是息息相关的。透明性也许是物质的一种固有属性——物质透明，比如玻璃幕墙；或者它也可能是组织的一种固有属性——现象透明。物质透明可以追溯到19世纪，从那时起，运用玻璃与钢结构技术构建的温室、展览建筑，后来慢慢波及几乎每一种可以想象的建筑类型：从办公楼到国会大厦，从单身住宅到学校……我们对现象透明性的感知则仅来源于立体主义绘画。

回首现代主义建筑的历程，我们会发现关于建筑透明发展中的两个主要特征：首先，透明卸载了建筑所承担的神化职能，在第一次世界大战前后，一部分建筑师致力于探索透明的可能性和潜力。典型的例子是格罗皮乌斯在1914年设计的德意志制造联盟科隆展览会办公楼，这座建筑的透明梯塔（图1-40）引起许多建筑理论家的注意。Nikolaus Pevsner在他的《新建筑运动的先锋》(1936年)一书指出："从13世纪起，一直以来，建筑……都是为了指向天堂的艺术目标而服务的。为了与这个世界有所分别，建筑的墙被制成半透明的彩色玻璃，并以此来承载先验的、圣洁图像的魔幻体验。如今这些玻璃墙十分清晰，而且没有什么神秘感了，它表示建造者不再顾及对于另一个世界的思考"。对于Pevsner来说，物质形态的消解是一个胜利，打破了物质世界对我们想象力的束缚和制约。其次，透明导致建筑的"空间与时间的关联化"。吉迪翁所著的《空间、时间与建筑》一书，通过对格罗皮乌斯的作品与毕加索的立体主义绘画进行对照比较后，认为透明实现了空间与时间的相互参考效用，从而形成有机的关联。他据此认为，一个固态的、静止的和有引力的世界正在被替换为动态的、失重的、匀质的和物质交织渗透的世界。

纵观现代主义建筑的发展，除了对抽象、透明等外在形式的探讨之外，更为突出的是将建筑结构的兴趣作为了形式创造的源泉，正如柯布西耶面对钢筋混凝土框架结构体系就如同劳吉尔所分析的原始小屋一样，更多的是将这种新的结构体系看作一种独创的原型结构。在此之后，这种原型结构的力量也引发了一系列新的建筑形式的探索，如1923年韦斯宁兄弟(Wesnin A.and Wesnin V.)设计的真理报办公楼竞赛设计方案（图1-41），1927年伊

图1-40 德意志制造联盟科隆展览会办公楼透明梯塔（资料来源：弗兰克·惠特福德，《包豪斯》，2004。）

图1-41 真理报办公楼竞赛方案（资料来源：肯尼斯·弗兰姆普顿，《千年王国对于欧洲艺术和建筑的冲击：俄罗斯1913-1922建筑师》，2004。）

图1-42 列宁图书管理学院方案（资料来源：Baugeschichte Funktion, 《Alexander fils das centre pompidou in Paris》, 1980。）

图1-43 建筑幻想（资料来源：理查德·韦斯顿，《现代主义》，2006。）

万·列昂尼多夫（Ivan Leonidov）设计的列宁图书管理学院方案（图1-42），1930年亚科夫·切尔尼科夫的建筑幻想（图1-43）等。

第三节　第二次世界大战后至20世纪末的高技术建筑

第二次世界大战对欧洲各国的建筑均造成了很大的损害，20世纪40年代后期欧洲建筑处于恢复时期，主要为了满足基本需要。但美国作为从战争中获益的国家，战后经济飞速发展。随着美国对西欧开展援助，以及技术进步，西欧以及日本战后经济得到迅速恢复。从20世纪50年代中到70年代初，欧美的建筑都获得了出乎意料的发展，第二次世界大战后，建筑设计的主导思想就是追求新功能、新技术和新形式。在这一时期，技术的乐观主义倾向也促使建筑师开始进行更多的尝试，一方面为应对人口压力与土地的日益减少，一些具有前瞻性的思考主要体现在以英国的"阿基格拉姆"学派和日本的新陈代谢派为代表的高技术建筑作品中；另一方面，以强调建筑结构、材料效能的实践也有了进一步的发展，这里尤其以美国建筑师富勒的思想最为突出。从20世纪70年代中期开始，地球环境开始恶化，人类对于技术的反思开始影响到对现有建筑现象的思考，单一强调技术与功能的思想受到批判，从而开始转向重视多元化的研究，强调功能多样性的建筑方案开始大量出现。

高技术建筑在这一时期主要呈现出三种不同的发展方向：首先，人造薄膜材料、高强度钢材以及玻璃幕墙技术逐步发展成熟，以这些材料为依托的张拉膜结构、钢结构的应用，积极满足社会对于多样性功能所需的更大、更灵活的空间需求；其次，面对建筑功能多样化的需求，建筑领域展开了一系列的探索，在这些研究当中，富勒的"Dymaxion"主要关注材料、结构效能的最大化利用；与此同时，面对建筑功能多样化的需求，马克思·比尔的"Produktform"更关注经济、有效的整体建造体系。

一、功能效率

1953年CIAM第九次会议上，以A·史密森和P·史密森夫妇（A.and P.Smithson）、A·范艾克（Aldo Van Eyck）为代表的一批人向《雅典宪章》中的城市四大功能（居住、工作、游憩和交通）提出挑战，他们不满意老一代建筑师们停留在改良的功能主义上，认为城市面貌应有较为复杂的图形，才能满足对城市可识别性的要求。追求建筑功能多样化、效率成为那个时代的主题。在技术层面上，尤以富勒的思想最为突出，他论述了关于技术与人类生存的思想。他称这种思想为"Dymaxion"——最大限度利用能源，以最少结构提供最大强度。在富勒的实践当中，不断探讨用最少量的材料建造最有力量的建筑，它从一开始看起来就有一种完美的形状。富勒在1968年提出用一个大壳罩起整个曼哈顿中心区的策略，以求抵抗尘

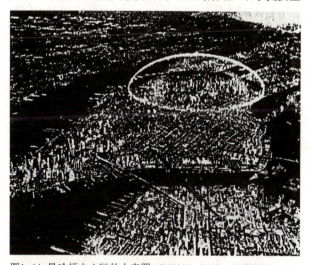

图1-44 曼哈顿中心区的大壳罩（资料来源：肯尼斯·弗兰姆普顿，《现代建筑——一部批判的历史》，2004。）

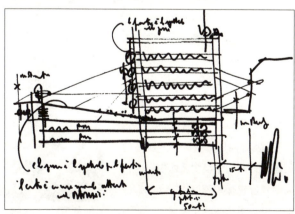

图1-45 蓬皮杜文化中心草图（资料来源：Baugeschichte Funktion,《Alexander fils das centre pompidou in Paris》,1980。）

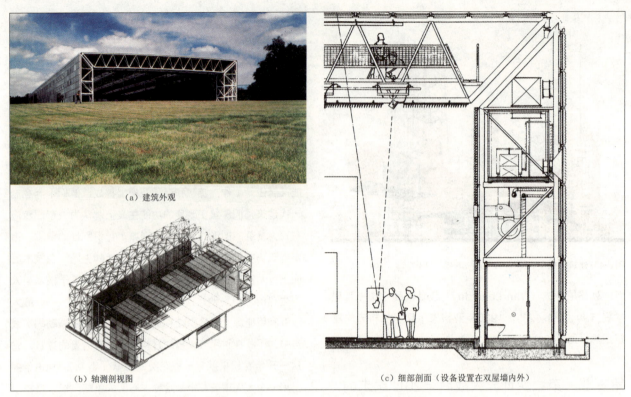

图1-46 英国塞恩斯伯里视觉艺术中心双层墙体（资料来源：马丁·波利，《诺曼·福斯特：世界性的建筑》，2004。）

埃、辐射（图1-44）。这种想法来自于自然，它出现在有机化合物和金属的形状中。他设计的主要部分是四面锥体，建造这样一个建筑，许许多多的锥体要相互联结，每一片相互联结，成为一个八面体。把这些结合在一起，这两种形状便产生了一种结实的、轻质的圆形建筑。这种建筑可以用任何材料来覆盖，而且它能在室内没有任何支撑的情况下直立起来，它比任何已经设计出的建筑都能用更少的材料覆盖更多的空间。

富勒的"Dymaxion"思想影响深远，从彼得·库克（Peter Cook）的空间网架和穹顶到福斯特的设计作品。其典范就是在1977年皮亚诺和罗杰斯合作设计的法国蓬皮杜文化中心。蓬皮杜文化中心代表了一种走向极端、体现非确定性与最大灵活性的设计手法。它不仅需要在其骨架体积内部再建造另一幢"建筑"，以此来提供艺术展览所需的墙面和外围，而且，为了保证最大程度的灵活性而普遍采用了50m（165英尺）的桁架（图1-45）。而在福斯特1978年设计并建造的英国塞恩斯伯里视觉艺术中心中，采用双层墙体和跨度达33m的钢框架，将双层墙体的空腔服务于设备的安装和维护，从而为获得更为灵活、有效的空间提供了可能（图1-46）。

二、对未来的探索

富勒的"Dymaxion"思想同时也影响到了日本和英国的未来主义设计，如日本的新陈代谢派、英国的阿基格拉姆学派。他们在富勒之后，致力于实现Armageddon(世界末日)式的生存工艺学，而无意于生产过程，醉心于一些超绝的技巧而漠视当前的任务[7]。

阿基格拉姆是英语Achigram的音译，后这个英文词又是Achitectur+Telegram（建筑学+电报）两个词的略语。阿基格拉姆主要活跃于20世纪50～60年代，他们的态度与美国建筑师富勒和雷姆·班纳姆的技术至上主义的意识形态密切相关。阿基格拉姆学派主要采用高技术、轻质、基础结构式的途径构筑空间形象，如1964年

图1-47 行走式城市（资料来源：Baugeschichte Funktion,《Alexander fils das centre pomidou in Paris》，1980。）

图1-50 群马县立近代美术馆（资料来源：Leonardo Benevol著，《西方现代建筑史》，1996。）

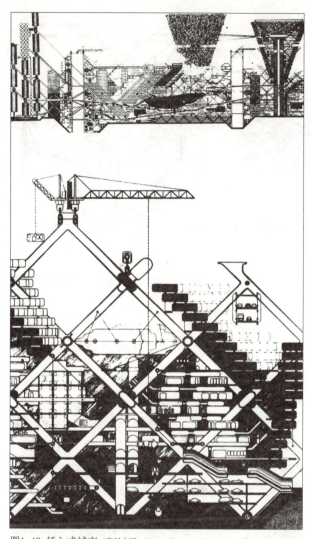

图1-48 插入式城市（资料来源：Baugeschichte Funktion, 《Alexander fils das centre pomidou in Paris》，1980。）

图1-49 海上城市（资料来源：肯尼斯·弗兰姆普顿，《现代建筑——一部批判的历史》，2004。）

朗·海隆（Ron Herron）设计的"行走式城市"（图1-47）、1964年彼得·库克设计的"插入式城市"（图1-48）。

阿基格拉姆学派的作品与日本新陈代谢派惊人的相近，后者从20世纪50年代后期开始，为了应对日本人口密度过高的压力，提出了一种能够不断生长和适应的"插入式"巨型结构，就像在黑川纪章（Kisho Kurokawa）作品中表现的那样，其中居住细胞被还原成为预制容器，并可穿插而形成螺旋形的摩天大楼。在整个新陈代谢派的作品当中，菊竹清训（Kikutake Kiyonori）的"海上城市"最富有诗意的幻想（图1-49）。尽管他通过采掘能源的海上钻井及其工作辅件来支撑整个设计的构思，但是，他的"海上城市"在日常生活中甚至比阿基格拉姆的巨型结构更加遥不可及。但是，阿基格拉姆学派的作品与日本新陈代谢派在其作品中展示出的技术逻辑与美学思想领先于当时的时代，成为"高技派"建筑的理论来源。

对于现实社会而言，这些未来主义建筑师把科技推向其符合逻辑的结论方面有所贡献。这种狂热的未来主义在矶崎新的设计中变成那种更为理智的、加法式的城市设计方案。矶崎新（Isozaki Arata）的设计从阿基格拉姆学派那里吸取了"高技术"活力，从汉斯·霍莱因（Hans Hollein）那里吸收了各种高级手工艺品与嘲讽式的艺术形象、材料相混合的设计手法，通过从勒杜的象征式柏拉图几何形状出发，在20世纪70年代早期的一系列银行分行中追求于一种方格布局的高技术建筑，并在1974年设计的群马县立近代美术馆中达到巅峰①（图1-50）。

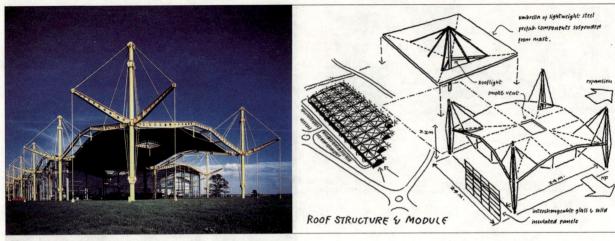

图1-51 雷诺中心（资料来源：马丁·波利，《诺曼·福斯特：世界性的建筑》，2004。）

三、产品主义

产品主义作为一种"现代主义"的立场，强调建筑是一件大型工业设计产品。其概念的提出最早是由马克思·比尔的Produktform（产品形式）的概念引发出来，并由福斯特在其设计作品中将其展现。

在早期，产品主义者继承了密斯"几乎无物"的概念，致力于可膨胀的充气结构。其带头人是德国建筑师兼工程师弗莱·奥托（Frei Otto），他在1967年蒙特利尔国际博览会上设计的大型帐篷使其名声大振。

到了后期，产品主义者面对功能多样化的需求，采用一个不加装饰、内部尽可能开放与灵活的库房类型来容纳建筑的任务。与此同时，这一体积的适应性要通过一整套综合的服务网络——动力、照明、供暖、通风来维持，并且将这种服务设施与结构设施表达和表现，如1986年罗杰斯设计的英国劳埃德总部大厦以及1978年福斯特设计并建造的英国塞恩斯伯里视觉艺术中心都采用了基本类同的观念。产品主义重要的还在于"无障碍"地表现生产本身，也就是说，所有的组成部件都要表现为Produktform（产品形式），如1983年福斯特设计的雷诺中心（图1-51）。产品形式在其作品中所展示出的外部形态也成为"高技派"风格表现的重要特征。

第四节 21世纪至今的高技术建筑

从21世纪开始，随着数字化技术的快速发展以及可持续发展观念的深入，人类开始了新的发展。

首先，面对生态环境的恶化，从1981年的《华沙宣言》到1999年的《北京宪章》，可持续发展的观念得以迅速普及，人类的建筑学观念也开始进入到生态建筑学观念（表1-3）。实现可持续发展目标的根本途径是提高对物质、能量的利用效率。而数字化技术对人类社会的最大影响在于以信息流替代物质流和能量流，以及提高物质和能量的利用效率，这两方面都可以使人类向着可持续发展的目标大大迈进。应用在建筑的设计、建造、运作、维护过程中，数字化技术能提高设计和建造效率、校验建筑形态、自动监控环境、降低建筑能耗等，从而实现多层面的建筑可持续发展目标。

其次，从20世纪70年代中就已经开始的社会多元化观念发展到当代愈发明显，强调自然、人文、地域、文脉等多元化思路已经深入到建筑的创作思路当中，同时

建筑学观念的五个阶段　　　　　　　　　　　　　　　　　表1-3

古代	近代	现代	当代	
实用建筑学	艺术建筑学	功能建筑学	空间建筑学	环境建筑学
把建筑作为谋生存的物质手段，为遮风避雨、防野兽的侵袭而穴居，构木为巢	把建筑视为艺术之母，视建筑为纯艺术作品（如绘画、雕塑）	以法国建筑师勒·柯布西耶为代表，把建筑视为（住人的机器的）大工业产品	如意大利建筑理论家布鲁诺·赛维所说的，空间是建筑的主角，即建筑是空间艺术	真正认识到建筑是环境的科学和艺术

（资料来源：作者自绘。）

建筑时空观念演变 表1-4

	古代						近代	现代		当代
	古埃及	古希腊	古罗马	中世纪	文艺复兴	巴洛克	一次工业革命	现代主义	后现代	解构主义	多元化
形态	封闭和阴暗	单纯和封闭	多个空间的对称组合	强调空间的连续性	强调空间的秩序	强调动感和渗透感	强调空间的功能性	以开放、流动空间为特点的有机空间	延续现代主义的空间形式	空间非稳定性	建筑空间的界定更为宽泛，空间的结构趋向动态
观念	三维欧式几何						三维欧式几何	四维空间，突出时间维度		多维或分维

（资料来源：作者自绘。）

随着数字化虚拟技术的日益广泛，在这种非物质形式的影响下，建筑时空观念上的变化就成为了发展趋势（表1-4）。数字时代的来临必然建立与其相适应的高度文明及多元化的文化。每一个时代文化里既包含着其体现时代特征的因素，也包含作为人类社会永久性的因素。这里所提地域性有两个方面的含义：一方面它强调文脉，即特定地区文化意识形态的特殊性与一贯性；另一方面它又强调地域自然环境的特殊性与一贯性。应用高技术手段避开了从形式、空间层面上的具象承传，而从更深层的文化美学上寻找交融点，用技术与手法来表现文化的精髓。例如2000年汉诺威的世界博览会中MVRDV建筑事务所设计的荷兰馆融合了荷兰典型的自然风景，从沙丘、暖房、

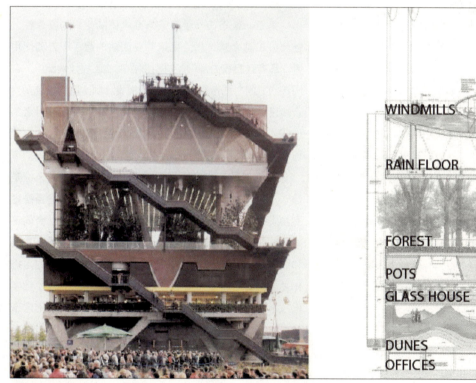
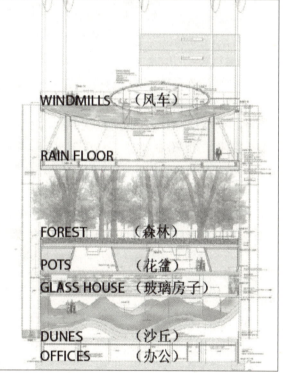

图1-52 汉诺威世博会荷兰馆（2000年）（资料来源：《EL Croquis 111 Mvrdv 1997—2002》。）

形态学演变 表1-5

	解析几何	非欧几何	分维几何
代表人物	笛卡儿	高斯、西曼	芒德勃罗、柯赫
形式表达	坐标代数	连续性	非平面与力
视觉效果	静态	动态	数值化、连续化、曲度化

（资料来源：作者自绘。）

智能建筑定义比较　　　　　　　　　　　　　　　　表1-6

	美国	欧洲	日本	中国
智能建筑定义	智能建筑乃是通过优化其结构、系统、服务、管理四个基本要素及其相互关系来提供一个多产和成本低廉的环境	在创造一种可以使住户有最大效率环境的建筑的同时，该建筑可以使之有效地管理资源，而在硬件和设备方面的寿命成本最小	作为收发信息和辅助管理效率的轨迹；确保里面工作的人满意和便利；建筑管理合理化，以便使用低廉的成本提供更周到的管理和服务；针对变化的社会环境、复杂多样化的办公方式，以及主动的经营策略作出快速灵活和经济的响应	采用先进的技术对楼房进行控制、通信和管理，强调实现楼房三个方面自动化的功能，即建筑物的自动化BA (Building Automation)、通信与网络系统的自动化CA (Communication and Network Automation)、办公业务的自动化OA (Office Automation)

（资料来源：作者自绘。）

森林、湖泊直到户外的小径，以及能够发电的屋顶风力公园。各种原型都基于自然，看上去就像一艘背负一片森林降落到地球上的宇宙飞船（图1-52）。

再次，新的技术领域的开拓促进了许多自然科学学科的相互渗透和新的学科与分支的形成，科学与生产、科学与技术、基础科学与应用科学的相互联系、相互作用，更加密切，更加突出，具有高技术含量的集约化方式正在渗透到社会生产的各个方面。

最后，受复杂性科学或复杂性研究的影响，在被称为"复杂性科学"的群体中，大体包括如下若干理论：现代系统科学中的耗散结构理论、协同学、超循环理论、突变论、复杂巨系统理论；非线性科学中的混沌理论、分形理论等；以及通过计算机仿真研究而提出的进化编程、遗传算法、人工生命、元胞自动机。目前来看，复杂性的概念和思想已经开始运用于物理科学、生命科学和经济科学各个领域，也正在影响到建筑的发展上来，关于建筑的复杂性研究可以从三个方面来思考。

第一，是指设计形式上的复杂性，即引入计算机数字化技术后，建筑师可以设计和控制更高级、更复杂的几何形体，而不是简单地发挥计算机复制、粘贴的画图优势，让计算机真正参与设计过程，带来更多设计形式上的可能性（需要指出的是，这种形式上的演进已经从开始的直觉行为转成由系统理论指导的理性应用）（表1-5）。

第二，是指与社会学相关的复杂性，科技让人们更多更快地接受和传递信息，建筑和城市空间的功能性变得越来越模糊，无法预知。与此同时，建筑空间的界定变得虚化，空间的结构趋向动态，从而使信息建筑的审美时观拓展为一种虚实共存的新领域。就建筑空间概念而言，过去仅有实体建筑空间，而现代信息技术却能营造虚拟现实(Virtual Reality)和信息空间(Cyberspace)。

第三，是指在一个建筑方案内团队组织的复杂性，社会分工越来越详尽，建筑师要面对的除了甲方和使用者，还有政府权力部门、材料供应商、工程技术部门、合同签约顾问、城市规划部门、景观设计师、室内设计师、音响设计师等相关的合作单位，同时，在项目和设计者的地域分布上更趋于全球化，这些都带给建筑事务所内部管理和组织上前所未有的复杂性。

21世纪是节能和环保意识不断增强的时代，无论是建筑还是其他领域，实现可持续发展目标的根本途径是提高物质、能量的利用效率。而数字化技术对人类社会的最大影响在于以信息流替代物质流和能量流，以及提高物质和能量的利用效率，这两方面都可以使高技术建筑的生态化发展向着可持续发展的目标大大迈进。与此同时，数字化技术的发展衍生出不同以往的建筑新发展：数字化建造基本是涉及信息集成、管理集成、技术集成的全方位整合的过程，更加贴近当前建筑学本身；数字化的形式设计为当代建筑师创作更为自由的形体提供了无可比拟的物质基础，同时也在很大程度上影响了建筑师对于世界的认识。

一、高技术建筑的生态化

20世纪80年代初著名的《华沙宣言》关于"建筑学是为人类建立生活环境的综合艺术和科学"，对建筑本质有了准确的定位。它使建筑工作者认识到研究建筑作为环境科学和环境艺术的特征规律并在设计、施工实践中加以体现是一项义不容辞的任务。

生态建筑运用生态学原理和方法,以人、自然和社会协调发展为目标,有节制地利用和改造自然,创造最适合人类生存和发展的生态建筑环境。20世纪80年代初,西姆·范德莱恩提出了"整合设计(Integrated Design)"概念,标志着建筑师将"集成思维"引入对生态建筑的全面研究⑤。西班牙建筑师J·巴尔巴提出"整合生物气候建筑(Integrated Bioclimatic Architecture)"的概念,从景观学和建筑设备的角度来综合考虑场地

高技术生态建筑的智能化系统　　　　　　　　　　　　表1-7

能源优化系统	降低总能耗	自然通风		风压通风、热压通风
		遮阳系统		外遮阳、内遮阳、形态自遮阳
		自然采光		折光板、采光井、光导管采光
		自然势能		利用地形高差、水体落差
		围护结构保温		脱疏石膏砌块、热断铝合金窗
	清洁能源使用	太阳能利用		增加日照、光热转换存储、光电转换存储、建筑构件蓄热
		风能利用		风电转换存储、室内拔风
		地热能利用		地源热泵空调、自然通风预热(冷)
		水力		势能利用、水源热泵空调、自然通风预热(冷)
		废物回收		热电联产、空调系统空气热回收
		生物质能		植物(秸秆)燃烧热回用
环境优化系统	室内环境	光环境优化	自然采光优化	采光井、折光板、太阳光搜集器、遮阳、操作位送光
			人工照明优化	节能灯具、灯具自动调节(关闭)
		声环境优化	噪声源控制	控制使用带噪声设备
			降低噪声影响	降噪设计、隔声设计
		室内空气环境优化	空气净化	通风井、通风烟囱、新风技术
			空气质量检测	有害气体检测、材料放射性检测
			空调舒适	个性化送风
		电磁环境	电磁污染控制系统	检测技术
	室外环境	室外空气环境优化	空气质量检测	各项具体检测技术
		周边绿化环境优化	植被涵养	植物选择、森林保护
			水体保护	水体微生物控制、径流控制
			地形保护	护坡技术、固土措施
智能控制系统	智能建筑系统	感应系统		环境信息采集、数据传感、感应卡
		远程查询、控制维护		小区一卡通
		楼宇设备系统		空调系统、消费系统
		网络介入		有线接入(光纤、ADSL)、无线网络
	数字社区	虚拟社区		社区管理、服务支持

(资料来源:作者自绘。)

的方位、建筑的供热、制冷和照明[⑩]。Sue Roaf在《生态住宅设计指南》(第2版)中,指导了如何进行建筑基地的气候分析,设计被动式住宅,并用生态建筑技术作为补充的设计理念[⑪]。

高技术生态建筑并非单纯以技术表现为目的的炫技式建筑,而是利用数字化控制技术,实现人与自然和谐统一的理想,使建筑成为具有自我调节功能的"敏感机器",或者说像是"建筑的皮肤"——建筑物作为内部空间和外部环境的中介物。其中的核心是利用计算机进行分析、控制温湿度、舒适度、采光、照明和通风等室内物理环境参数,并在建筑设计中尊重地方气候和地方技术,采用主动式技术结合的手段,充分发挥建筑的生态效应,以达到节约能源和改善环境的目的。高技术生态建筑的发展大致分为三种主要倾向。

(1)高技术生态建筑的智能化。智能建筑是信息时代的必然产物,虽然对其概念的认识各不相同(表1-6),但是,大多数学者具有共识的是智能建筑具有多科学、多技术系统综合集成的特点。进入21世纪之后,生态理念广泛地渗透到建筑业,智能建筑的目标更加符合利于人居、利于生态环境保护的要求,其体现了功能、环保、节能、艺术和智能各个方面的统一(表1-7)。

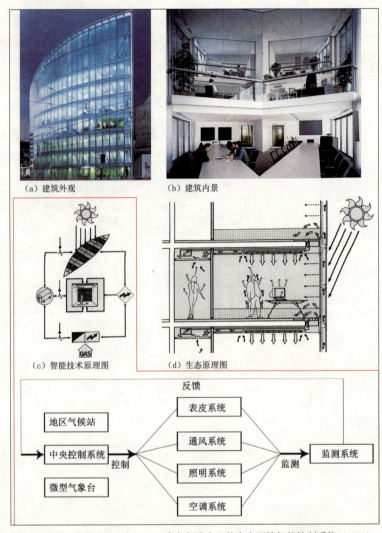

(a)建筑外观　(b)建筑内景
(c)智能技术原理图　(d)生态原理图

图1-53 德国杜伊斯堡(Duisburg)商务促进中心的室内环境智能控制系统(1996)
(资料来源:马丁·波利,《诺曼·福斯特:世界性的建筑》,2004。)

高技术生态建筑的智能化正是通过能源优化系统、环境优化系统以及智能控制系统的集成,从而营造出自动、精确、舒适、低耗、高效的人居环境。在1996年福斯特事务所设计的德国杜伊斯堡商务促进中心中,通过自建的中央计算机系统、楼顶微型气象站与城市的气象站的联网集成,使得该建筑的表皮系统、通风系统、照明系统、空调系统等得以实现协同运作,从而营造出舒适的室内空间(图1-53)。而在其2002年设计的英国伦敦市政厅中,建筑造型与生态智能系统开始呈现一体化的趋势:其外形是一个变形的球体,这种变形有利于尽量减少建筑暴露在阳光直射下的面积,以期能减少夏季对太阳热的吸收和冬季内部的热损失(图1-54)。从福斯特的这两个作品可以看出,高技术生态建筑的智能化从智能系统的集成化向建筑一体化的方式转变。

(2)高技术生态建筑的仿生化。17世纪,J·A·Boreli提出了技术生物学的概念,开始从技术角度研究生物的形态、骨骼、关节、运动的关系;18世纪,飞行物理学家Sir·G·Gayley在研究形式和功能模拟之后首次提出"仿生学"的概念(Biology+Technic=Bionic);进入20世纪之后,美国建筑师富勒从结晶体及蜂窝的棱形结构中得到启发,

仿生建筑与生命的进化比较　　　　　　　　　　　　　　　　　　　　　　　　　　表1-8

	表皮组织	设备系统	神经功能
生命的进化	皮肤功能的完善	呼吸循环等系统的形成	神经功能的分化
仿生建筑的进化	表皮技术	气候调节等设备	智能化控制、调节

(资料来源:作者自绘。)

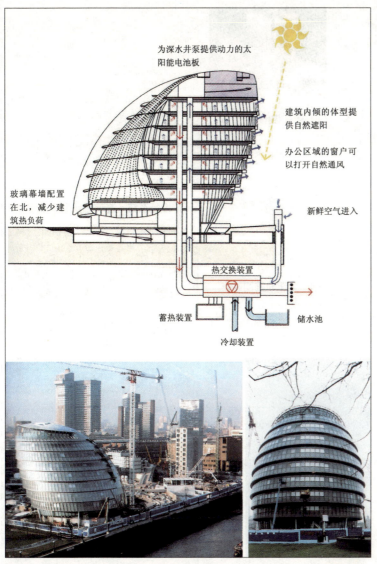

图1-54 英国伦敦市政厅能源利用示意图（2002）（资料来源：李华东，《高技术生态建筑》，2002。）

提出世界上存在着能以最小结构提供最大强度的系统。在当代"可持续发展"观念已成为一种必需之时，在社会呼唤生态意识的今天，从可操作的角度思考资源与环境问题，我们有必要借鉴"仿生学"的理论，换一个新的视角来重新审视当今的认识论和方法论。

仿生建筑与生命在进化过程中形态结构方面的这种相似性绝非偶然，而是基于深层的生态哲理（表1-8），它们都是通过与外界环境之间物质和能量的交换来维持一个相对独立稳定的内部环境。在可持续发展过程中，仿生建筑在形态结构上呈现了与生命进化过程相近似的特征——首先从建立和完善表皮的围护功能开始，经历了"呼吸"设备技术阶段，向着数字化技术主导的智能调控发展。

高技术建筑的仿生化正是基于这种仿生原理的基础上，运用高技术手段达到生态的目的，并逐步达到建筑一体化的目的。例如KPF于1999年设计的Bishopsgate Towers，其造型来源于对当地自然状况的详细分析，并且采用了先进的表皮技术、气候调节设备和智能化控制设备达到了建筑一体化的目的（图1-55）。

（3）高技术生态建筑的地域化。在当今，地域化的发展趋势已经成为建筑领域的主要倾向之一，其概念本身与生态有着密不可分的联系，地域化不仅关注自然环境，也更加关注人文环境（表1-9）。在当代，运用先进的数字化技术分析和表达地域化已逐渐成为重要的设计手段之一。英国AA建筑学院2000年的一个研究项目首先对西班牙科斯塔布兰卡镇（Torrevieja）海滩周边游客的行为进行分类分析，总结出不同游客在欣赏海滨风景中所采取的活动方式，然后，借助数字技术的分析和设计手段，营造出满足游客活动需求的空间，以增强该区域的活力（图1-56）。

二、高技术建筑的数字化建造

自1997年盖里的西班牙毕尔巴鄂古根海姆美术馆（图1-57）开始，数字化建造已经由概念上的数字化设计十分清楚地走进实际可建造的数字化单元建构与数字化施工。因此关键的课题已经不再是形而上的种种辨证与理论，而是如何形成一套新的、可执行的、数字化的设计与施工过程。

数字化建造关键的因素之一是如何将复杂的实体模型转化为可视化的形式，以利于设计的进一步深入和建筑结构的计算。盖里主要采用Photo Modeler 摄影测绘软件[①]将手工模型向数字化模型转化（图1-58）；而日本的坂茂、波兰的因加尔登和尤维主要通过深刻的理解复杂曲面的几何规律，来解决复杂的形式问题[②]。

数字化技术的应用为建筑师更为自由的创作提供了物质基础，但是如何建造和施工成为各国建筑师的难题。世界各国重要的建筑学院与事务所都把计算机辅助设计与计算机辅助制造（CAD/CAM）的最新数码科技，包括激光扫描(Laser Scanning)、激光切割(Laser Cutting)、快速成形(Rapid Prototyping, RP)、计算机数值控制(Computer Numerical Control, CNC)等新技术的集成作为研究与实验的重要方向。例如在Milgo/Bufkin公司的研究当中，考虑到复杂曲面建筑在经济、效率等方面的建造需求，首先通过数字程序将复杂曲面转化为二维的简单几何面体，然后通

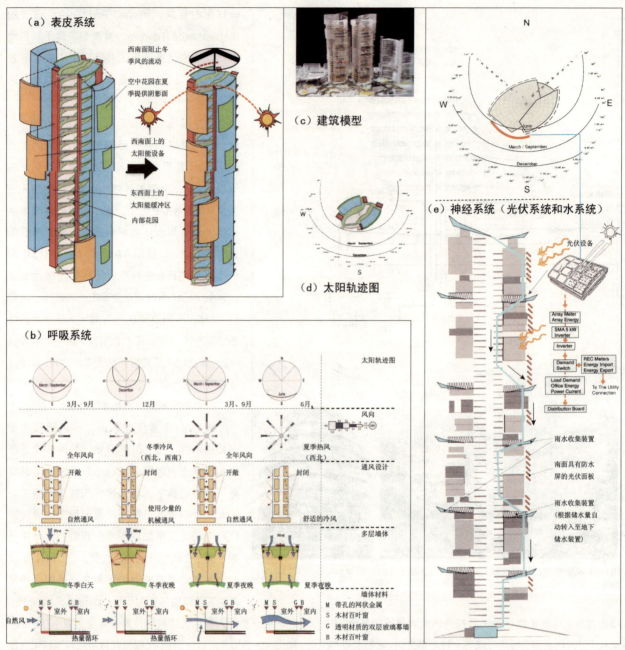

图1-55 KPF, Bishopsgate Towers (1999) (资料来源：T·R·Hamzah,《ecology of the sky》The Images Publishing Group Pty Ltd,2001。)

过激光切割工具加工建筑材料（不管是天然材料还是合成材料），最后再将加工好的材料进行无缝化的连接，以求最终达到预制化的目的（图1-59）。

与此同时，数字化建造体系在生产模式上同传统建造体系有着根本上的变化。早在1934年，刘易斯·芒福德在《技术和文明》一书中就已经指出，刚刚过去的机器时代是"旧技术的"、硬质的、"人适应机器的"，而即将到来的机器时代是"新技术的"、软质的、"机器适应人的"；在同一时期，赖特也敏锐地察觉到这一变化，他在《消失的城市》中说，建筑的工业化并不意味着样的标准化，所有的形式皆是机器生产的结果，但不一定相同。当代的数字化建造体系正努力在统一性和唯一性、共性化和个性化、集配式和特殊式之间实现平衡。这是一项颇有诱惑力的模式，在满足批量生产的同时，每个产品都可以成为新式的、非标准化的、定制的和个性的、更优质、更廉价的产品，从而满足不同人群的喜好。

三、高技术建筑的形式多样性

引入计算机数字化技术后，建筑师可以设计和控制更高级、更复杂的几何形体，而不是简单地发挥计算机复制、粘贴的画图优势，让计算机真正参与到设计过程中，带来更多设计形式上的可能性，这种形式上的演进已经从开始的直觉行为转成由系统理论指导的理性应用。笛卡儿

高技术生态建筑地域化的设计策略　　　　　　　　　　　　　　　　　　表1-9

	环境概念		设计策略	
与自然共生	外部环境的保护	保护全球生态系统	减少大气污染的排放	对建筑废弃物进行无害化处理
		对气候条件、国土资源的重视	结合气候条件，运用相应的环境技术	适度开发资源，节约建筑用地
		保护周边环境生态系统的平衡	对周围环境热、光、水、视线、建筑风、阴影影响的考虑；建筑室外使用透水性铺装，保护地下水资源平衡；保全建筑周边昆虫、小动物的生长繁育环境；绿化布置与周边绿化体系形成系统化网络化关系	
	自然素材的引入	充分利用太阳能、太阳光	利用外窗、中庭、光厅等自然采光	太阳能供暖、烧热水、发电
		充分利用风能	建筑物留有适当的可开口位置，以充分利用自然通风；大进深建筑中设置风塔等利于自然通风设施	风力发电
		有效使用水资源	设置水循环利用系统；引入水池、喷水等亲水设施降低环境温度，调节小气候	收集雨水，充分利用
		活化绿化植栽	充分考虑绿化配置，软化人工建筑环境	利用墙壁、屋顶绿化隔热
		利用其他无害自然资源	地热暖房、发电；河水、海水利用	利用地下井水为建筑降温
与自然共生	建筑节能	隔热、防寒、直射阳光遮蔽	建筑方位规划时考虑合理的朝向与体形；高热工性能玻璃的运用；建筑外围护系统的隔热、保温及气密性设计	日晒窗设置有效的遮阳板
		能源使用的高效节约化	根据日照强度自动调节室内照明系统；	节水系统
			局域空调、局域换气系统	适当的水压、水温
		能源的循环利用	对未使用能源的回收利用；排热回收	对二次能源的利用 蓄热系统
融入地域历史与文化	融入城市	与城市肌理的结合	建筑融入城市轮廓线和街道尺度中	对城市土地、能源、交通的适度使用
		对风景、水景、地景的结合	继承保护城市与地域的景观特色，并创造积极的城市新景观；保持景观资源的共享化	
	继承历史	对历史地段的继承	对古建筑的妥善保存；对拥有历史风貌的城乡景观的保护；对传统民居的积极保存和再生，并运用现代技术使其保持与环境的协调适应	对传统街区景观的继承和发展
		与乡土的有机结合	继承地方传统的施工技术和生产技术	
	活化地域	保持居民原有的生活方式	保持居民原有的出行、交往、生活习惯；城市更新中保留居民对原有地域的认知特征	
		居民参与建筑设计与街区更新	居民参与设计方案的选择	设计过程与居民充分对话
		保持城市的恒久魅力与活力	创造城市可交往空间	建筑面向城市充分开敞

（资料来源：作者自绘。）

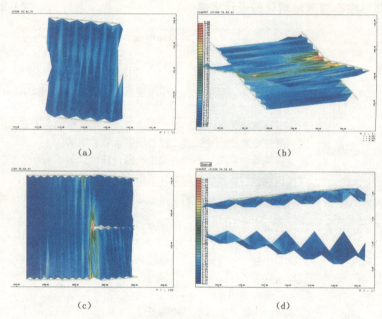

(a) 将场地划分为几个连续的狭长区域（每一个区域界定为500米长，8米宽），以满足在海滩上各种活动的需求。
(b) 将场地横向布置，面向主要景观面，增强场所的活力。
(c) 通过场地的横向切割，为5类不同游客提供半私密的空间。
(d) 通过场地的折叠，围合出小型空间，以满足小规模活动的功能要求。

图1-56 西班牙科斯塔布兰卡镇(Torrevieja)海滩更新计划（2000）（资料来源：AA files(47)），2002。

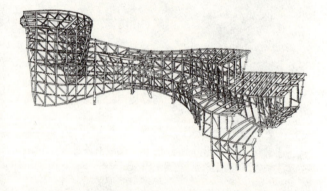

(a) 建筑的复杂结构形式通过同样复杂的直线或钢结构经适当弯曲后形成特殊形式的钢构架支撑

(b) 合成钛表层下面的基本几何结构只能通过计算机模拟运算得到

图1-57 西班牙毕尔巴鄂古根海姆美术馆的建造（1997）（资料来源：萨瑟兰·莱尔，《结构大师》，2004）

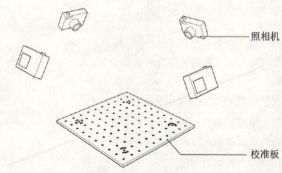

(a) PhotoModeler 摄影测绘软件工作示意图

(b) 盖里事务所采用多关节三维扫描仪辅助人实物模型向数字化模型的转化

图1-58 PhotoModeler 的工作原理（资料来源：苏毅，曾坚，Photomodeler 软件在复杂曲面形建筑设计中的应用，http://www.paper.edu.cn, 2008-07-31。）

(a) Milgo/Bufkin公司在研究中使用的激光切割机

(b) 复杂曲面的加工

图1-59 复杂曲面的加工（资料来源：Mike Silver, 2006,The Milgo Experiment: An Interview with Haresh Lalvan, AD[J],Special Issue Programming Cultures。）

（René Descartes）的解析几何，牛顿（Newton）、莱布尼茨（Gottfriend Wilhelm Leibniz）的微积分，高斯（Johann Carl Friedrich Gauss）、黎曼（Bernhard Riemann）的非欧几何，芒德勃罗（Benoît B.Mandelbrot）的分形几何……⑥（图1-60），这些使人类对"几何"形状的认识范围大大拓宽，并分别将建筑形体带入数值化、连续化、曲度化的阶段，更进一步引领出以数学原理计算非平面形体连续变形的可能性。坐标代数、连续性、非平面与力，这四种理论的相继出现与结合衍生出新一代视觉效果。随着参数化的方式渗入到建筑造型的设计当中，当前高技术建筑形式的创作大体表现为以下几种方式。

1. 基于生态美学的高技术建筑形式

面对建筑仿生的原因，一般认为是由于使用了特定的形式元素：某些形式变形或产生的手法会倾向于生成某些具有生物构造特征的空间形态，像Bled、Branch、Flowers、Skins本身就是生物学上的名词，很容易转化为空

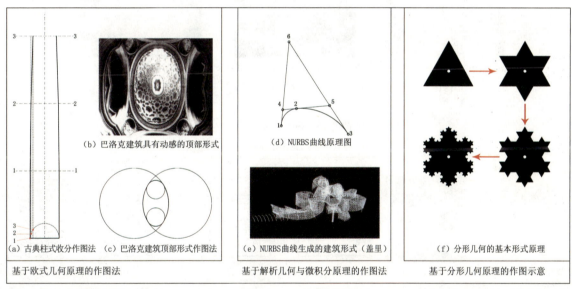

图1-60 基于几何原理的作图法（资料来源：苏毅，曾坚，从尺规到NURBS——用于辅助设计曲面型建筑的几何工具的沿革，新建筑，2007；萨瑟兰·莱尔，《结构大师》，2004。）

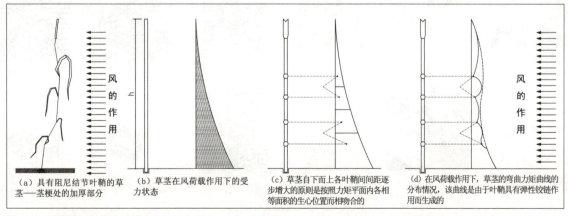

图1-61 G·沙肯亚姆 草茎的受力分析（资料来源：肯尼思·J·法尔科内，《分形几何中的技巧》，东北大学出版社，1999。）

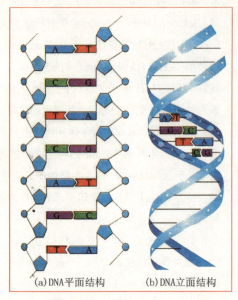
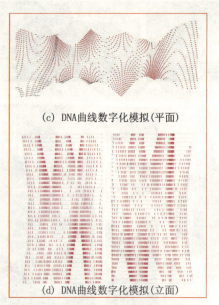

(a)DNA平面结构　(b)DNA立面结构　　　(c)DNA曲线数字化模拟(平面)

DNA分子的结构模式图　　　　　　　(d)DNA曲线数字化模拟(立面)

DNA分子的运动模式参数化

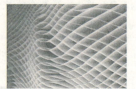

(e) 按照DNA运动轨迹的内在逻辑进行计算机编程，并自动生成形体　　(f) 按照同样的编程控制LED灯的照射方向，与生成的形体有机结合　　(g) 形体的完成以及拼装

产品形式的完成和安装

图1-62 DNA分子的结构模式（2005）（资料来源：Special Issue Programming Cultures，A+D，2006。）

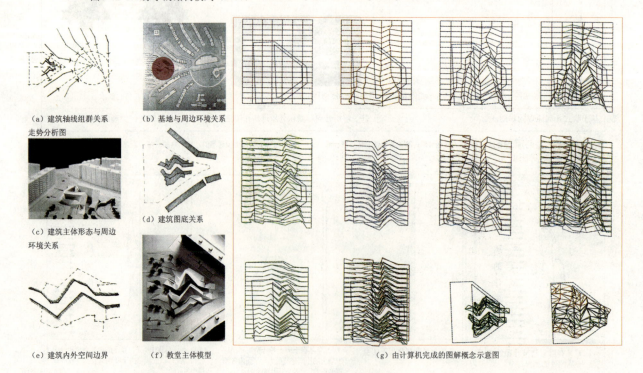

(a) 建筑轴线组群关系走势分析图　(b) 基地与周边环境关系

(c) 建筑主体形态与周边环境关系　(d) 建筑图底关系

(e) 建筑内外空间边界　(f) 教堂主体模型　(g) 由计算机完成的图解概念示意图

图1-63 彼得·埃森曼 罗马千禧年教堂方案设计（2000）（资料来源：薛皓东，《彼得·埃森曼作品集》，2003；彼得·埃森曼，《彼得·埃森曼：图解日志》，2005。）

间形态的处理手法[17]。但是，在此需要明确的是仿生形式的根本在于形态学和机械力学方面之间的联系，这就意味着自然物的形状是理解其功能的关键（图1-61）。

由于仿生形式中各种影响因素的复杂性和偶然性，参数化的设计试图从整体性角度进行可视化的研究。图1-62所示的一个装置设计中，建筑师Alisa Andrasek[18]正是通过对生物细胞在活动过程中所呈现的形式规律进行模拟（这种规律不是静态的，而是动态的），通过参数化的方式将这种形式规律可视化。

2．基于地域美学的高技术建筑形式

以往面对复杂的、异类的、分化的城市文化和形式背景时，两种选择是建筑界的主流：要么是冲突和矛盾，要么是统一和重现。现在一种标新立异的"均匀"理论被提出来，成为这种二元对立策略以外的又一条出路。林雷格·林恩在1993年的《建筑的曲线：交叠的、弯曲的或柔韧的》一书中认为，这种"均匀"理论作品的来源是形形色色的，涉及拓扑几何学、形态学、形态基因学、隐喻理论等，它们都具备了平滑过渡的特点，并且是发生在一个连续异质系统各不同部分之间的高度叠合[19]。

在彼得·埃森曼（Peter Eisenman）2000年千禧年教堂的投标作品中，平滑转接的概念得到了很好的阐释，并通过图解手段探讨了建筑主体自生成的可能性，同时还深入研究了基地特征，将城市外部空间肌理组织特质与建筑本体形态构成两相结合，为宗教建筑赋予了极具时代特征、地域特色的形态表征（图1-63）。

3．基于信息美学的高技术建筑形式

当今数字化模式对建筑提出了强大的挑战，通过媒介和模拟来界定现实，内与外之间没有了间断。荷兰的联合设计工作室(UN Studio)则试图在一种有秩序的框架中把空间的复杂性和多样性融合在一起，取得一种动态平衡；扎哈·哈迪德（Zaha Hadid）试图采用交通空间的消隐来达到内与外空间的连续性，对哈迪德来说，空间界面的连续与非连续变化突出了时间维度，丰富了视知觉的感官效果，形式也由动态构成转变为塑性流动，这些变化不仅仅是一种追新求异的形式游戏，它们是哈迪德对于所处的这个时代的特性和本质的认知，有着深刻的内涵和思想基础。

借助数字化技术，探寻空间的复杂性成为高技术建筑形式创作的源泉。荷兰的联合设计工作室在梅赛德斯—奔驰博物馆的设计中，通过应用莫比乌斯原理，将沿着外墙内侧的坡道连接彼此不同的高度，并组织空间虚实与路径的相互交替，建立参观者双螺旋线的轨迹，对应两种不同的展览类型，积极探索复杂空间的可能性（图1-64）。2005年完工的德国沃尔夫斯堡费诺科学中心是体现哈迪德设计理念的一个重要作品，在空间概念上来讲，主要的体量——展览馆伸出地面，覆盖了一个室外的公共场所，使首层具有非同寻常的透明性和孔隙率，模糊了建筑与城市的界限，而各展览区的不同楼层之间不仅可以相互观望，而且还与城市景观相联系，展览空间成为看与被看的焦点（图1-65）。

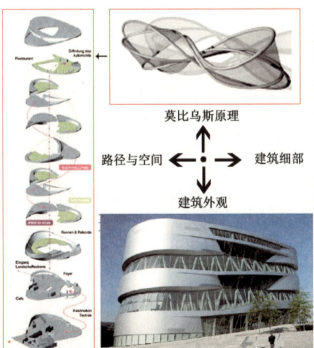

图1-64 梅赛德斯—奔驰博物馆（2006）（资料来源：A+U中文版Cecil Balmond先特刊。北京：中国电力出版社。）

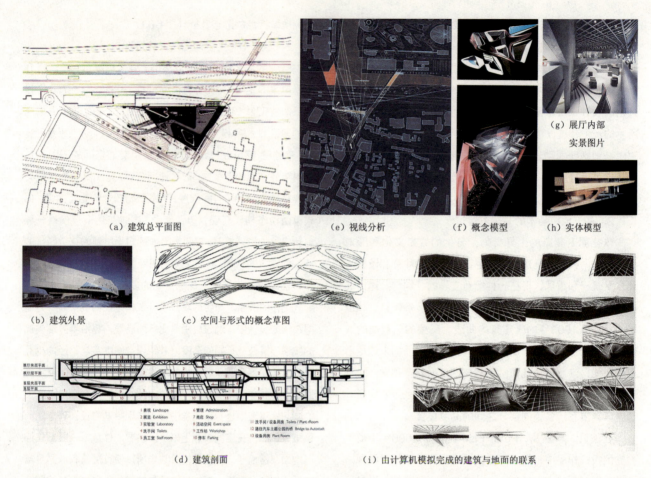

图1-65 德国沃尔夫斯堡费诺科学中心（1999—2005）（资料来源：《E1.Croquis.103-Zaha.Hadid.1996-2001》；扎哈·哈迪德，沃尔夫斯堡费诺科学中心，世界建筑，2006,4。）

注释：

1. (美)肯尼斯·弗兰姆普顿著．张钦楠译．现代建筑——一部批判的历史[M]．北京：中国北京三联书店，2004．6．

2. (美)理查德·韦斯顿著．海鹰，杨晓宾译．现代主义[M]．北京：中国水利水电出版社，2006：30．

3. (美)肯尼斯·弗兰姆普顿著．张钦楠译．现代建筑——一部批判的历史[M]．北京：中国北京三联书店，2004．26．

4. (美)吉迪翁著．刘英译．时空与建筑[M]．中国台湾：台湾银来图书出版有限公司，1979：219．

5. 在19世纪60年代，本杰明·贝克发表过一些有关金属在建筑应用中强度和耐力问题的论文，其中一篇论述了金属在长跨径桥梁上的运用，这篇文章1867年分10期发表在杂志上，在论文中贝克系统地比较了当时使用中的或正在研究的所有长跨金属桥的形式，它们包括了斯蒂芬森的管式桥，布律内尔的索尔塔代桥。贝克的结论是悬臂桥更适合于跨度大于213m(700英尺)的情况．

6. (美)理查德·韦斯顿著．海鹰，杨晓宾译．现代主义[M]．北京：中国水利水电出版社，2006：34．

7. (美)肯尼斯·弗兰姆普顿著．张钦楠译．现代建筑——一部批判的历史[M]．北京：中国北京三联书店，2004．315．

8. (挪威)克里斯蒂安·诺伯格-舒尔茨．李路珂，欧阳恬之译．西方建筑的意义[M]．北京：中国建筑工业出版社，2005：335．

9. Sim Van Der Ryn著．Integral Urban House: Self Reliant Living in the City[M]．Sierra ClubBKS (US)，1980．

10. 曹伟．J·巴尔巴及其"整合生物气候建筑"[J]．建筑学报，2003，7：61-64．

11. Sue Roaf．Eco-house(2nd Edition)．Architectural Press，2003．

12. Photo Modeler 摄影测绘软件根据透视学和摄影测量学原理，标志和定位对象上的关键控制点，建立三维网格模型（此类软件的技术要点如下：寻找和标识建模对象关键点，复杂曲面则需要数量较多的关键点；拍摄4张以上的照片，相机的位置不限，但关键点要拍摄清晰；把拍摄的照片输入到软件中，使用软件提供的手段定位关键点，构建三维网格模型，把照片上拍下的2D图像作为材质贴图贴在模型的表面；把已建好的模型输出成相应的文件格式，如VRML)．

13. 这些建筑师的设计兴趣在于如何将纸、竹和藤条等体现人性化的天然材料去表达复杂曲面．

14. 原文如下：The objective of these experiments is to integrate shaping (morphology) and making (fabrication) into a seamless whole. In nature, the two aren't separate. In these projects, I am interested in architecture as surface, not mass. Mass focuses on material performance (strength of material), while surface depends on its geometry (strength of form).

15. 克里斯·亚伯著．建筑与个性——对文化和技术变化的回应（第二版）．中国建筑工业出版社，2003：3．

16. 一般意义上认为，分形几何学是指具有"自相似性"特征的几何体，如海岸线、云朵、山脉等都是分形的自然表现．在建筑设计领域，分形几何主要可以从两个方面得以应用：一方面它可以作为一个有力的建筑批评工具，通过"层级"的概念评价建筑在视觉上的复杂程度；另一方面，利用分形几何生成复杂的韵律，使建筑与周围环境取得协调．与其他领域相比，建筑领域对分形的研究相对滞后，到现在为止，还没能完善和建立具有分形结构形式的数据，因而，在本书中，主要是针对其基本概念以及原理的解释．

17. 高福聚．空间结构仿生工程学的研究．天津大学博士论文．2002．

18. 哥伦比亚教授Alisa Andrasek 致力于电脑运算对建筑设计的影响．她于2001年成立 bio(t)hing研究室，主要以基因演算、人工生命等电脑运算过程对于设计的影响为实验对象．

19. 查尔斯·詹克斯著．当代建筑的理论和宣言．中国建筑工业出版社，2005：121．

小 节

总体而言，高技术建筑具有相对性的表现特征，它是利用当时条件下的先进技术，实现和满足社会发展的需求，通过新技术的集成，改善和提高人类的环境质量，并在创作中极力表达和探索各种新美学思潮的建筑类型。

在社会需求方面，第一次工业革命中出现的高技术建筑主要是满足新功能机构——工业建筑、交通建筑、展览建筑的社会需求；第二次工业革命中，其主要满足社会发展对大跨度建筑、高层建筑的需求；在第二次世界大战至20世纪末中，其主要满足社会对于多样性功能所需的更大、更灵活的空间需求；21世纪初至今，可持续发展与地域文化成为当前社会发展的重要趋势，数字化技术的广泛应用有助于高技术建筑在生态化、地域化方面进行整体性的思考，并贯穿于从设计到建造的整个过程。

在技术创新方面，第一次工业革命是以经验科学为主的阶段，主要表现在第一次工业革命是结构与材料技术的革命，当技术的发展替代了传统的建筑材料，也就替代了传统的建筑形式，创造了一种不同于传统建筑的形式语汇；第二次工业革命是以科学技术为主的阶段，主要表现在设备技术的革命，设备是技术发展的产物，设备技术的发展史可以说是充分利用技术手段改善人类建筑空间质量的发展史；第二次世界大战至20世纪末是以系统科学为主的阶段，并随着张拉膜结构、钢结构等结构体系的成熟，使建筑在功能方面获得了解放，建筑在空间形态方面与功能组织方面不再严格地受自然环境的限制，其交通组织、通风采光等调节都可以由相应的建筑设备来处理，建筑的空间构成模式被从原有的功能空间模式中解放出来；21世纪初至今，当代的高技术建筑和现代时期相比对系统科学更为深入，其技术的整合程度更加高，而且更加复杂，数字化从仅作为技术手段更加上升到了设计手段上，数字化不仅可以创作出复杂、优美的建筑形式，同时借助先进工业化的生产方式，并力求在统一性和唯一性、共性化和个性化、集配式和特殊式之间实现平衡。

在美学思潮方面，随着17世纪中至今社会需求的历史变迁，即新功能结构（第一次工业革命）到大跨度建筑、高层建筑（第二次工业革命）到多样性功能所需的更大、更灵活的空间（第二次世界大战至20世纪末），再到可持续发展、地域文化（20世纪末至今），高技术建筑在技术与艺术方面呈现出具有规律性的改变（图1-66）。

第一次工业革命既有将传统建筑形式批量化生产的尝试，也有将传统结构简化为运用新技术来表达传统结构形式的变化趋势，同时，新技术本身也作为一种装饰艺术而存在；第二次工业革命新的技术推动了新艺术形式——现代主义的发展，摆脱了传统艺术形式的束缚；第二次世界大战至20世纪末，结构、设备等的服务空间得到充分的重视，并且无障碍地表现生产本身，新技术从而转化为艺术形式，成为艺术创作不可分割的一部分；20世纪末至今，数字化时代带来的美学革新，将随着数字技术的应用不断升级，城市建筑在当前多元化的美学驱使下也将从理论到实践上都经历一次如同20世纪初工业革命带来现代建筑运动一般的革新。

通过对高技术建筑历史与发展的梳理，可以看出其本质是从科学技术的角度出发，捕捉结构、构造和设备技术与建筑功能、建筑造型的内在联系，寻求技术与艺术的融合。随着时间的推移，其构成要素从古典"功能、结构、形式"三位一体的设计原则，转变为空间、功能、结构、形式等四个要素的集合。高技术建筑作为历史前沿的探索，面对当前可持续发展的社会需求，需要从理论上总结和拓展其生态化发展的具体措施，并将呈现出节能、智能、仿生、地域化等四种发展模式。随着国内经济的快速发展，高技术建筑也迎来了新的篇章，但是由于国内外环境的不同，需要结合国情，从历史的进程中梳理出国内高技术建筑的发展轨迹，而选择符合国情的高技术，并应用在大量的普通建筑中，才可以从根本上提高中国建筑业的整体建筑水平，从而丰富建筑设计理论，对建筑设计才有指导和借鉴。

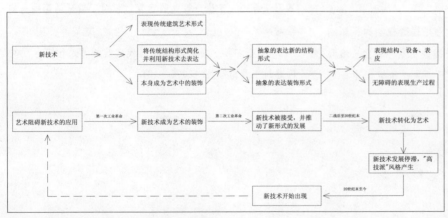

图1-66 技术与形式发展规律（资料来源：作者自绘。）

第二篇
高技术建筑的技术解析

第一章 技术对高技术建筑的全面影响

现代主义建筑的代表格罗皮乌斯认为：一个时代的世界精神在它的宏伟建筑物之中表现得最为明确，在这样的建筑物中，一个时代的精神和物质能力能同时以一种显而易见的形式表达出来，并包含了人类努力的所有领域、所有艺术和所有技术。

从维特鲁威开始的建筑学，历经2000年的发展终于又找到了出发点。在探讨建筑本质的思路上，20世纪的

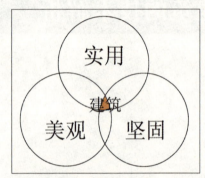

图2-1 维特鲁威建筑观（资料来源：作者自绘）

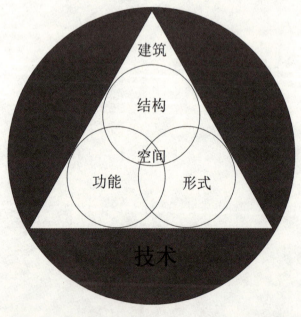

图2-2 技术与四要素间的关系（资料来源：作者自绘）

建筑师、建筑史学家、理论家除了因袭"功能、结构、形式"这样的现代语言之外，最具革命性的变化是发现和形成了"建筑空间"的概念。在荷兰建筑大师H·P·贝尔拉格（Berlage）看来，20世纪为艺术、建筑以及社会提供了非常特殊的东西。因此，他以一种单纯的空间围合，以及透过结构所形成的逻辑性表现来探索建筑的本质。① 空间第一次作为主角从沉重的壳体中脱离出来，对围合它的形体起决定性作用。形式不再是孤立的表现对象，形式与内容间的逻辑关系成为研究的重点。这里的"内容"首先是功能，再者包括新的材料、技术和构造方法，建筑的形式同样应对它们作出重要反应。科学的发展促使技术从基于经验的简单工具、手工制作转变为应用科学理论、以机器为实体、以程序化知识为过程的高新技术。在现代的意义上来讨论技术与建筑的关系，意味着我们要从现代技术角度对建筑四大要素的作用、影响和渗透来加以说明。

今天的建筑强调"与自然环境的结合，创造具有工程形态的满足人类物质需要和精神需要的空间环境"② 的建筑，体现了建筑大师格罗皮乌斯所说：建筑意味着把握空间。现代主义建筑把"空间"作为建筑的第一基本要素，作为建筑的主角。空间主控着"形式、结构、功能"三大要素，处于功能、结构、形式相互作用而形成的整体网络的核心地位，而且在技术的全方位包围之中，彼此之间又相互影响、相互渗透。如图2-1、图2-2所示，三者的交集代表空间，从而表达了空间的核心地位。③

一、技术与空间

技术作为空间构筑的手段是很好理解的，但除去这层关系，技术与空间是不是还存在着更深层次的关联？这种关联是以怎样的方式表现出来的？工业革命后，建筑发生了从艺术向工程的转变，建筑"空间"的概念也逐渐成熟，通过对"空间"概念的形成背景的分析可知：基于科学的建筑空间概念也是基于现代技术的，工程力学、结构技术、材料技术、设备技术等不仅作为手段决定了建筑空间的具体构造和实现，而且还深刻地影响了建筑空间的形式和功能，塑造出健康舒适的空间环境，赋予参与者多样的空间体验。

二、技术与结构

在传统建筑中，技术作为手段仅通过"坚固"这一要素与建筑相关联。当现代技术以结构力学、工程理论替代自觉经验，以混凝土、玻璃、钢材等工业建筑材料替

代砖石、木、瓦等自然材料，以钢筋混凝土结构、充气结构、悬索结构、膜结构等结构体系替代传统建筑的石材、砖木结构，以采用大量预制件、现场组装、大型机械设备替代传统的手工营造，水、暖、电等各种技术设备的发明应用，这些翻天覆地的变化都使得作为手段的技术显现出来，建造过程变成了技术过程，变成了工程科学管理的过程，结构的科学性变成了技术本身。

三、技术与表皮

第一次工业革命是结构与材料技术的革命，当技术的发展替代了传统的建筑材料，也就替代了传统的建筑形式，创造了一种不同于传统建筑的形式语汇。从此表皮的角色经历了作为承重结构、围护结构，与承重结构分离后的围护结构，再到现代主义时期作为空间的附属品，最后到文丘里"空间中的空间"概念的提出作为独立概念这四个历史时期，它的独立地位和表现力也使得建筑的意义更加丰富：它是技术高度发展的产物，它既可以作为围护结构本身而存在，也可以作为围护结构的表层而存在，具有表现建筑形式美学的意义。不言而喻，表皮的发展是技术发展的直接反应：从笨重的砖石围护结构，到框架和各种大跨结构的出现，钢筋混凝土、金属材料、玻璃等现代材料在建筑上的应用，建筑表皮从承重功能中解放出来，表皮变得轻薄透明、限定性也逐渐减弱；信息时代的今天，表皮对数字技术、传播技术的反映更是拓展了建筑的形式表达。

四、技术与设备

第二次工业革命是设备技术的革命，设备是技术发展的产物，设备技术的发展史可以说是充分利用技术手段改善人类建筑空间质量的发展史。19世纪下半叶，建筑设备的迅猛发展，乘客电梯的出现，使建筑突破5层的高度限制。20世纪60年代，工程师设计的机械设备成了建筑物采暖、降温和照明的主要手段，并且得到了广泛认可。20世纪80年代以来，数字技术、生态技术的快速发展，使得建筑设备摆脱了繁琐庞杂的人工控制，而成为自动应变调控的整体协同运行，从简单的光敏控制照明、温控自动供暖，到计算机系统与气象监测系统综合控制下的楼宇气候控制自控系统等，设备体系也开始步入节能化、智能化、生态化的发展层面。

作为现代主义延续的高技术建筑，将技术提升到前所未有的高度，在这里技术为建筑提供全新的叙事方式，同时也将设计者纳入其既定的轨道中。福斯特曾说："技术应用是人类文明的一部分，反对现代技术的使用就是对建筑设计宣战，就是与文明自身作对。建筑的历史就是人类新技术应用的发展史，传统建筑手法也处在不断的进步和演化之中，如果我能激动于自己某项建筑中的光线应用产生的诗情画意，为何不能享受先进的供给系统所带来的进步呢？"④在高技术建筑的创作思想中，从世界观到人自身的需求，从建筑设计过程到建造过程，建筑的空间、结构、功能、设备四大要素，都全面被现代技术渗透。我们甚至可以说高技术建筑已经成为了技术本身，这是技术扩张的胜利，是建筑技术化的必然结果。

注释：

1. 丹尼斯.夏普邓敬等译.理性主义者[M].中国建筑工业出版社，2003：2.

2. 叶以胤.对建筑与空间的在认识[J].建筑师，55期.

3. 罗丽.现代主义建筑的技术本质[D].西安建筑科技大学硕士论文，2005：11.

4. 大师系列丛书编辑部.大师系列—诺曼.福斯特的作品与思想[M].中国电力出版社，2005：6.

第二章　高技术建筑空间的技术体现

第一节　高技术建筑空间与技术的关系

工业革命以后，三次技术革命对建筑的影响更为深入：建筑从结构、功能到风格形式，从设计、施工到使用，及空间营造等都全面被现代技术渗透。虽然早期现代建筑师的设计语汇设计中早期的设计方法已经失去原有的重要性，但当代建筑师的设计语汇仍与新技术的方法性和形式性相连，从而对空间的形式、情感、特质与隐喻寻求技术的呈现。没有技术的支撑，单纯的空间构成只能是浮躁而空洞的，技术的发展，不断给建筑空间注入新的内容。

追溯历史，可以看到高技术建筑空间观产生的背景是与社会需求和技术发展紧密相连的，为了满足社会需求和时代性，科学技术渗入高技术建筑空间形成、应用、发展的全过程中。在技术方面，各种新技术、新材料、新结构层出不穷，为新型空间的营造提供了技术支持；在社会需求方面，城市工业化进程的加速、交通体系的建立、城市功能分区中土地价值的突显等直接影响着建筑的空间意义；在生活模式方面，百货商店、展览建筑、大型工厂、仓库等新的建筑类型的出现促使了建筑空间的更新。基于社会需求和技术条件高技术建筑的空间目标、空间模式及空间含义均体现了对"速度"、"效率"和"精密"的追求。

不难理解在高技术建筑的发展历程中无论是对空间的完整性和灵活性、均质性和同一性、生长和持续性的追求，还是对空间舒适性和生态性、智能化和生命化、情感化和文化性的追求都时刻贯彻了三次技术革命间高技术的应用。尤其数字技术的发展，带来的强大的图形构图能力为建筑师提供了新的、更广阔的空间创作和思考。CAD、3DMAX、Lightscape、Rhino等数字技术的利用为建筑师提供的数字空间建立的数字模型不但易于建立和修改，而且可以更加真实地、精确地体现空间形态及具象的模拟建筑界面，从而获得更广阔的设计思路。而且近年来网络技术的发展更是颠覆了传统的空间意义，"新形式的工作方式、时空距离和组织形式的变化，改变了世界的建筑格局"[1]。如CSCW[2]的发展产生的虚拟设计工作室，不但克服了地域的障碍使若干合作者可以远距离合作，还有效地整合了各专业间的协同工作，从而提高了工作效率。所以无论是作为技术手段存在，还是作为技术思维存在，数字化技术都从社会需求和意识需求等不同层面开拓了高技术建筑空间新的价值取向。

第二节　高技术建筑的空间目标

丹下健三曾提及"现代建筑所产生的背景是追求物质价值的社会，因此'物'的合理性和功能性是工业社会的基本哲学……但是，时代进入信息社会以后，人们就已经不能满足单纯的物质价值，而是要了解信息的价值了，这里不仅是科学和技术，而且是开始追求可以诉诸人类'心'的内容，这也是建筑内部和外部空间所要显示的内容"[3]。可见，由于社会需求和科学技术的不同直接影响着不同时代高技术建筑的发展轨迹和空间的目标。

一、空间的效率追求

早期的高技术建筑对空间效率的追求更多的体现在"空间营造、空间功能"的效率化，为了满足战争带来的经济衰退和严重房荒，标准化、专业化、同步化成为工业生产的法则。并通过精确的时间单位、通用的空间度量、建筑构件与机械生产的紧密协作、简洁的几何形体四个方面共同控制"空间营造"的经济、速度和实用性，同时也实现了建筑空间的效率追求。

随着社会的发展、技术的进步，效率体现为"空间的多元、多义"：多元，是指满足建筑在其生命周期内空间的功能重组、替换，以及空间物质属性的多元化，如采光、遮阳、保温、隔热等；多义，是指建筑空间获得不同意义的精神属性，满足不断变化的精神功能的需要，如激情与静谧，聚合和隔离。

二、空间的速度体现

工业时代的科技革命所带来的新材料、新设备以及新的施工方法和机械的运用都为工业化的发展提供物质条件，生产方式由分散化转变为集约化。这个时期的建筑空间体现着工业社会特有的价值观，其对速度的表现在"空间营造"上。1851年，帕克斯顿采用铁和玻璃在9个月内建成了92000m^2的"水晶宫"。1889年建成的328m高的埃菲尔铁塔仅耗时17个月。这一切都显示出这种全新的、革命性的工业化制造体系带来的速度震撼。

进入信息时代，高技术建筑空间的速度主要体现为"空间的虚拟化"，法国哲学家保罗·维利列奥指出："速度缩小了空间。有了电信技术，现代社会获得了绝对速度，一切都活生生地呈现在眼前"。信息时代的数字化进程消解了时间和空间，增强了功能的适应性。因而在以物理集中来追求效率的早期高技术建筑，转向信息社会时，在尺度、功能上都产生了巨大的变化。这种建筑功能的自由扩展，也使得人们摆脱了时间和空间的束缚，呈现分散化的趋向。

三、空间的精密体现

高技术建筑对空间美学品质的深入探索是在肯定现代主义建筑空间价值的基础上生成的，但它不拘泥刻板的几何形式，而是通过精心的组织丰富建筑表情，或者极化空间作为雕塑体的特性，或者赋予空间深刻的意义，或者深入思考建筑空间作为物质实体的功能价值，并将现代主义建筑空间精美化的尝试贯彻下去。高技术建筑对于现代主义信奉的比例、模数、尺度的概念也以确认的态度持续发展，并展现极端理性的态度，进行精巧的三维构图。

早期高技术建筑空间的精密特质体现为"空间的机械化"，空间功能清晰明了、形式和内容高度一致、材料结构科学表达，同时，将数学和几何规律作为空间的衡量尺度，追求清晰的构成、适宜的比例和精确的形象（图2-3）。密斯认为理性的秩序是更高层次的真理的符号，并且说："秩序就是事物之间的关系"④。这种对空间的营造，细化到构件、材料、施工等每个领域，从而营造出高度理性化的精密空间。时至今日，高技术建筑空间的精密特质转变为"空间的生命化"，具体为：建筑的结构、空间和形象经过模拟、抽象、变异和重构等方法以一种类生命的形式向人们传递建筑信息和空间意志，并用智能系统控制能量、物质的交流，强调空间的精神表达。如卡拉特拉瓦设计的密尔沃斯市艺术博物馆（图2-4），自由闭合的"翅膀"在控制调节内部空间光线的同时，也塑造了神秘变幻莫测的空间形态意向，这种对生命空间的提炼与再现给人留下无限的想象空间和心底共鸣。

第三节 空间模式的时代更迭

多次工业革命彻底改写了传统的全球政治、经济架构，以及整个社会的意识形态和哲学观，建筑师从思想方法、表现形式、创作手段、表达媒介上对人类自古典文明以来的建筑学传统进行了全面的、彻底的变革，这种变革最突出的表现在于建筑师对于空间观念的转变上，建筑空间从古典秩序中解放出来，从"以为器，当其无有器之用"的经典哲理，到"房屋是住人的机器"的功能主义空间观，再到20世纪强调体验与意向的空间理论，空间概念不断地突破着固有的观念，不再是以一种主流建筑空间构成方式为主导。人类对空间的认知开始脱离主流的架构，空间模式也呈现出非主流的多元化。结合高技术建筑的发展倾向不难看出，其空间模式也相应的有所体现，大致表现为：空间模式的灵活多变和自然性诠释。

一、空间模式的灵活多变

为了适应急剧变化的社会需求，在现代建筑技术的支持下，高技术建筑虽然常常有着精美复杂的外形，室内空间却十分完整简洁。人们可以在水平方向上自由地分隔空间，在垂直方向上也有调整的可能，从而营造轻盈自由的多变空间。这种体现灵活性和可变性的空间形象是高技术建筑的重要特征，也是区别于其他建筑流派静态空间的显著特征。就空间形态而言这种灵活多变具体表现为空间的完整性和灵活性、空间的多义性及空间的生长和连续性三个方面。

1. 罗杰斯的"灵活空间"

片断性、灵活性和流动性是罗杰斯作品的空间特征。他认为"一座易于改造的建筑才会拥有更长的使用寿命和更高的使用效

图2-3 密斯的砖石细部（资料来源：肯尼斯·弗兰姆普顿，《建构文化研究——论19世纪和20世纪建筑中的建造诗学》，中国建筑工业出版社，2007。）

图2-4 密尔沃斯市艺术博物馆（资料来源：《Architecture Today》。）

（a）蓬皮杜文化与艺术中心 （b）蓬皮杜文化中心室内空间 （c）销钉节点

图2-5 蓬皮杜文化与艺术中心（资料来源：陈萧摄。）

（a）劳埃德大厦——外观 （b）劳埃德大厦——轴测模型 （c）劳埃德大厦——平面图

图2-6 劳埃德大厦（资料来源：《理查德·罗杰斯的作品与思想》，中国电力出版社。）

率,从社会学和生态学角度讲,一项具有良好灵活性的设计延展了社会生活的可持续性;同时,更大的灵活性也不避免地使建筑远离了原有的完美形式……但是如果一个社会需要的是能够适应变化的建筑,我们就必须寻找新的形式表达变异的力量和灵活性"。⑤虽然灵活性并不一定能完全满足变化的要求,不会提供所有变化的最佳答案,但是却会避免在任何变化中成为不合适的答案。"建设性地解决一个注定要变化的问题的唯一途径是,把从这一充满变化的事实出发的形式作为一个永久性的、多价的形式,换句话说,就是一种无需改变自身就可用于不同用途的形式"。⑥这种空间理念在很多高技术建筑作品中都有所体现。

1)蓬皮杜文化与艺术中心(图2-5)

1977年2月开幕的蓬皮杜文化艺术中心,设计的一个核心问题就是按照建筑物的功能需要恰当地组织建筑空间,在空间的灵活可变方面作了深入探索。这座大楼的大多数构件和全部门窗、墙等部件都是可以重新拆装的东西;每个楼层都是统一的没有固定分隔的畅通空间,从而形成一个可以随时调整变动的、高度灵活的空间模式。具体技术措施是:该建筑的平面呈长方形,在168m×60m的面积中,只有两排共28根钢管柱。柱子把空间纵分为3部分,中间48m,两旁6m。各层结构是由14榀跨度48m并向两边各悬臂挑出6m的桁架梁组成的,桁架梁同柱子的相接不是一般的铆接或焊接,而是用一个特殊制作的套筒套到柱子上,再用销钉把它销住。采用这样的套筒为的是要将各层楼板有自由升高或降低的可能性,至于各层的门窗与隔墙,由于都是不承重的,就有任意取舍或移动的可能了。因而房屋内部的空间是极度灵活的。正是为了保证它的灵活性,故把电梯、楼梯与设备全部放在房屋外面或放在48m跨度之外了。

2)劳埃德大厦 (图2-6)

劳埃德大厦的平面中明确区分了服务空间与被服务空间,6座包含着固定设施(如楼梯间、电梯间、厕所)的塔楼布置在一个完整的长方形的主体周围,共同确定了建筑的基地界限。整个空间布置方式为主空间提供了彻底的灵活性和可变性。而且劳埃德大厦功能安排和立面设计所追求的建筑的生命不断延续的过程,体现了罗杰斯认为建筑不可能有固定内容和绝对永恒的看法。

2. 多义空间

20世纪80年代高技术建筑出现一批创造不确定空间构成体系的建筑单体,对原型并无太多要求,而是以不确定的构成方式破除既定的概念,形成连续又独立的空间系统,并从功能和情感上赋予其模糊的空间定义。建筑空间的功能性元素,如衣、食、住、行等基本行为已经不再相互割裂或独立,它们之间模糊的边界使得功能性的交织成为可能,从而探索功能间的内在关系并使之有机相连,以激发出相应的身体运动并最终实现空间的持续变化和多样交杂。我们称这种空间形态为"多义空间",多义空间是相对单一空间而言的。"多义空间"是指具有多种功能意义的空间。主要表现为:空间在不同的时段可具有不同的功能,即一个空间在某种条件下具有一种或几种主要和外显的功能含义,但同时还具有可以有效改变为其他功能含

(a)塞恩斯伯里视觉艺术中心室内空间

(b)塞恩斯伯里视觉艺术中心线框模型

(c)外观

图2-7 塞恩斯伯里视觉艺术中心(资料来源:马丁·波利,《诺曼·福斯特:世界性的建筑》,2004。)

义的潜质,也就是能够适应功能的变化;空间在同一时段可容纳不同的功能,也就是空间能够容纳或是鼓励多种活动的产生。

1)塞恩斯伯里视觉艺术中心(图2-7)

福斯特设计的英国塞恩斯伯里视觉艺术中心包括两个大餐厅,一个保存鉴定室,一所高级艺术学校的大学科系俱乐部,一座300座的对外餐厅和带有工作间与库房的地下室。设计要求将所有的使用功能置于同一结构之中,以便实现最大限度的相互交流。完成后的建筑还可以用作特殊展览场地,与大学的其他部分一起形成一个国际会议中心。这种多样性功能要求该建筑的空间应体现"多义性"。大型空间和组合板结构体系使外墙和屋面的任何部分都能在很短的时间内改变成各种组合,以适应不同的功能要求。

2)墨比乌斯住宅(图2-8)

Mobius圈指的是沿两条相互缠绕的路径形成的一个双重内锁的环面。在这里这种内锁转换的关系演化成两个人的生活,他们有时候在一起,有时候又分开独立活动;当他们在特定时间相聚就因此产生了公共空间,而当他们分开的时候又可能转换了彼此的角色。将两个人一天24小时的功能活动相应的结合在这个Mobius 圈式的空间及场地组织里形成了这个住宅独特的交织形态。这是一座颠覆传统居住空间形式的住宅,其空间构成的一切都在三维空间进行考虑,平面、立面和剖面变得无意义,在三维空间中人为造成混淆达到无差别的状态。借住宅的名义讨论建筑与建筑、建筑与自然之间的关系,从而表达一种不确定和模糊的感觉。

3. 可持续性发展的空间

高技术建筑统一的模数化设计、标准化和构造部件,为预留空间生长的节点提供了有力的手段,使建筑能够适应未来不确定的变化,实现建筑空间灵活、有机地生长和发展,保持建筑持续的适应性和生命力。另外从生态的角度来讲,那种无法循环使用的拆除和影响使用功能的

(a)莫比乌斯住宅外观

(b)室内空间

(c)楼梯空间

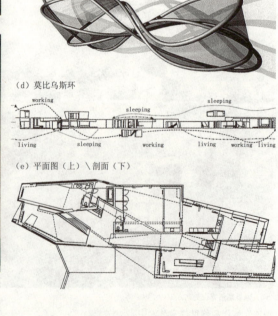
(d)莫比乌斯环

(e)平面图(上)\剖面(下)

图2-8 墨比乌斯住宅(资料来源:《Architectural Design》,1998。)

扩建都是违反生态原则的，所以空间的机动性和生长性是高技术建筑灵活空间的重要体现。

格里姆肖在德国科隆伊古斯厂房设计中将这种生长性发挥到极致。伊古斯厂房所有内部空间同高，可以适应各种功能组合和变化，办公室则做成夹层插入其中，厂房构造上可以拆散并在另一个地方重新建造，其外皮与承重结构脱离，标准窗单元或标准金属墙板单元可以互换，内外墙单元也可以互换，以适应未来厂房的扩建和改建（图2-9）。

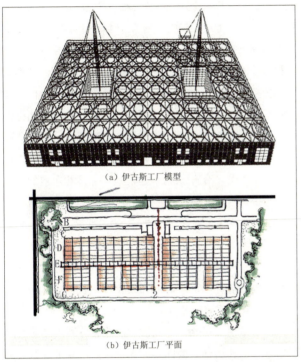

图2-9 伊古斯工厂（资料来源：《尼古拉斯·格里姆肖的作品与思想》，中国电力出版社。）

二、空间模式的自然性诠释

20世纪80年代以来，高技术建筑师纷纷创造了一批具有探索性、代表性的基于高新技术的与自然对话的建筑作品。这个时代，建筑理论的不断深化和学科间的相互渗透，为建筑的发展提供了更多可能。其中可持续性发展理念、自然观、科学观、方法论及思维方式的巨大变革，引发了建筑界重新思考建筑空间的根基与基本框架；数字技术、混沌理论[7]、分形理论及生态、仿生学等学科对建筑领域的渗入更是在空间构成中有实质性的体现。它使人们对客观事物的认识由线性思维进入非线性思维，并认可建筑物可以智能化地利用"环境"这种最重要的资本，巧妙地利用环境中免费的能量，避免以巨大的能量消耗来保持自身的运转。具体在空间形态上表现为结合生态环境，突破机械直线的理性构成，追求自然有机的曲线和舒适的节能空间。所以说空间模式的自然性诠释是一种"生命现象"，形成内部空间与外部环境的融合，并在空间的塑造上将有机形态和建筑构造理性结合，突破刻板、单调的传统空间，形成一种流动的形态。最终创造出更富有有机性的、节能与环保的生存空间。

1. 生态节能空间：英国伦敦市政厅（图2-10）

诺曼·福斯特设计的英国伦敦新市政厅，突破了传统建筑空间形态，充分考虑自然气候特征，将建筑空间在理性分析的基础上进行整体变异。其变异的整体建筑空间形态是通过计算和验证，呈逐层向南探出的不规则球体状，没有常规意义上的正面或背面，减少了建筑外表面积以促进能源效率的最大化。建筑总高约50m，共分10层，上层楼板可对下层的空间起到自然遮阳作用，减少建筑暴露在阳光直射下的面积，以期减少夏季对太阳热量的吸收和冬季内部的热损失，以达到最优化的能源利用效率。据称，这一变异的球体空间与同体积的长方体相比表面积减少了25%，它的能源消耗量比同等规模使用空调的建筑减少了75%。

2. 结构仿生空间：卡拉特拉瓦（图2-11）

结构仿生空间是指在建筑空间的结构形式中，应用

图2-10 英国伦敦市政厅（资料来源：《高技术生态建筑》，天津大学出版社，2002。）

图2-11 东方里斯本车站、里昂机场铁路客运站（资料来源：《现代交通建筑规划与设计》，大连理工大学出版社；《The Architecture of Stations and Terminals》。）

图2-12 阿布扎克表演艺术（资料来源：http://www.far2000.com/。）

仿生学⑨原理，使建筑结构更加有机稳定，且产生自然和谐的空间审美效果。该手法具有实际应用的普遍性，也对建筑空间结构形态的创新具有十分有益的启示。这种结构体系的仿生形式和重复韵律，极具空间表现力，其空间效果或轻盈挺拔，或沉闷闭塞。西班牙建筑师圣地亚哥·卡拉特拉瓦的许多设计灵感都来自于生物机体，其大量作品使用了肋骨架结构，并结合自由曲线的流动、组织构成的形式及结构自身的逻辑，形成了结构造型新颖的建筑空间形态。人体、生物的骨骼、树木和花卉等，经卡拉特拉瓦敏锐的观察都可变为金属的建筑、桥梁等结构，并且空间的平面构形完整而具有秩序。如东方里斯本车站中用以隐喻树木林立的结构，营造出钢铁森林的空间景观；里昂机场铁路客运站屋顶犹如一只张开翅膀的巨鸟直冲天宇的情景。

3. 非线性空间

非线性科学、混沌理论的发展，使人们对客观事物的认识由线性思维进入非线性思维，在空间形态上表现为突破机械直线的理性构成，追求自然有机的曲线，将有机形态和建筑构造理性结合突破刻板单调的传统空间，形成一种流动的形态，可概括为：自然、自由、有机、连续、流动等空间语汇。如，侯赛因-多西画廊、螺旋楼（维多利亚和艾伯特博物馆扩建楼）、2-Metz、阿布扎比表演艺术中心等与自然形态相关的许多建筑作品都具有这种空间形态。以阿布扎比表演艺术中心（Performing Arts Centre）为例，哈迪德设计表演艺术中心像极了科幻世界的变形虫，哈迪德在谈及中心的设计时说，建筑的雕塑形体将"从文化区域线性交互的人行道中崛起，它是一个有机的组织，不断地萌发出连续性的网络结构。"她表示："它就像一阵风拂过场地，建筑的复杂性不断增加，富有生机的自然空间，运动着向海面延伸"（图2-12）。

三、空间模式的虚拟化

随着信息循环相对于物质和能量循环的快速增长，"数字化"作为信息的DNA正迅速地取代原子成为人类社会的基本要素，人类生活中的一大部分事情正在转由数字化的方式完成，从而我们生活"环境"中的一大部分也正被带向其数字化的对应物，反映在建筑上便是数字建筑⑩、虚拟建筑⑪的应运而生，在建筑空间的营造上出现了非物质化的虚拟特征。具体表现在：空间的营造从概念、设计、实施一直到使用等不同层面发生了结构性的改变，这种变革无疑给传统意义上的建筑以开创性的挑战，但更多的应该是技术的支撑带来的诸多可能性。对于空间虚拟化的认识虽然不乏许多相关理论概念的讨论，但鲜有在创作层面上实质性应用和操作，它们大多只是停留在基本的数字处理和止于软件应用的辅助设计手段。但对于21世纪的建筑师，无疑在以后的设计中要面临两个问题：一个是现实中的设计对象；另一个则是虚拟的建筑和环境。这种空间的虚实融合正是以两种空间特性的结合作为切入点，下面以空间的数字化、界面虚化和动态化三个方面加以探讨。

结合。体现在实体空间的创造上，雷姆·库哈斯设计的西雅图公共图书馆中，设计者对空间的处理手法建立在一种模糊不定的基础上，追求空间特性的不定性和边界的模糊性，创造一种亦实亦虚的空间感受。把内部空间外部化，外部空间内部化，从而形成一个介于两者之间的一个灰色领域。

2. 空间界面的虚化 —— 斯坦福大学医学研究中心（图2-14）

在建筑上，强调空间的模糊效应将成为建筑空间创造的新观念，空间的界限趋于模糊，空间的范围也将越出封闭的界限，得以延伸，空间整体上表现为虚与实的结合。体现在实体空间的创造上，诺曼·福斯特设计的加利福尼亚斯坦福大学医学研究中心中，设计者对空间的处理手法建立在一种模糊不定的基础上，追求空间特性的不定性和边界的模糊性，创造一种亦实亦虚的空间感受。把内部空间外部化，外部空间内部化，从而形成一个介于两者之间的一个灰色领域。

3. 动态空间 —— 网络沟通之馆（图2-15）

空间虚拟化的动态表现是在数字技术的支撑下呈现出的一种不确定的、未知的状态，将作品呈现出前所未有的动态，这种动态蕴含在空间模式、空间界面、空间体验及空间的功能属性等多个方面，已超然于传统的建筑空间模式。由Zaha Hadid事务所设计的"网络沟通之馆"，整个展馆被划分成五个功能区，真正做到结构与内容、部分与整体、学习与娱乐的完美结合。展示的内容由两条光带传送到观众的眼前，这两条光带均由大型的滚动LED显示屏组成，这些内容体现了英国在创意、文化、经济等领域里世界领先的地位和作用。整个展馆造型流畅，空间呈现流动的韵味，简洁现代，置身其中的参观者时刻处于一种未知的状态，任由动态空间赋予各色的空间认知。

第四节 空间体验的多样化

高技术建筑产生之初，设计师专注于高技术的风格和造型在建筑上的表达，似乎形式本身成了目的，只为追求外形上强烈的感官刺激，通过引起的视觉快感给人审美感受。而内部则是单一的各向同性空间形式，这是由于它将人考虑为抽象、无差别的、纯物质性需求的有机体，忽视人的情感和心理需求的多样性，并将建筑凌驾于环境之上。随着生产和科学技术的发展，高技术建筑吸纳新观念来充实设计思想。在科学文本主义整体性思维模式的建构下，从整体的角度对建筑、环境、人进行研究，将环境生态作为建筑设计的

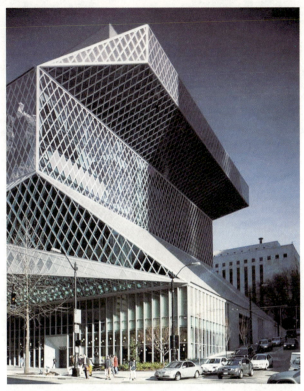

图2-13 西雅图公共图书馆（资料来源：《建筑的故事》乔纳森·格兰西，生活·读书·新知三联书店，2003。）

图2-14 斯坦福大学医学研究中心（资料来源：《诺曼·福斯特的作品与思想》，中国电力出版社，2005。）

（a）网络沟通室内空间　　（b）网络沟通之馆模型

图2-15 网络沟通之馆（资料来源：http://www.abbs.com.cn/bbs/post/vie。）

1. 数字化空间 —— 西雅图公共图书馆（图2-13）

在今天的建筑上，空间的界限趋于模糊，空间的范围也越出封闭的界限，得以延伸，整体上表现为虚与实的

图2-16 英国Scottish展览与会议中心

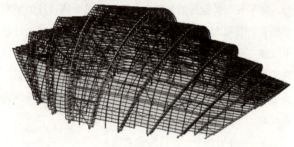

（a）世贸中心交通枢纽——室内空间

（b）世贸中心交通枢纽草图

图2-17 世贸中心交通枢纽（资料来源：《Santiago Calatrava the Art Works》。）

出发点和回归点，以满足人的物质、精神、心理等诸多方面需求为目的，追求舒适和有人情味的空间环境。"这是一个从物化到人化的发展过程，是工业社会向信息社会转变的真实写照。"①本章节即是从空间体验入手，分析高技术建筑对于空间的"人化"表达。具体表现为：以人为中心的情感体验；技术与艺术相统一的美学体验；与历史文脉、场所、自然环境融合的精神共鸣三个方面。

一、空间的情感体验

建筑空间中特定时代和特定社会的价值观念、文化体系和行为主体情感体验的总和，构建了建筑空间的本质意义，主要反映建筑空间的情感和文化向度，它能给人心灵以陶冶和精神愉悦。作为完整意义的空间概念应该是形神兼具的。

由福斯特设计的英国Scottish展览与会议中心（图2-16），建筑的内部将服务区域分层环绕在会议厅的周围，建筑的平面也由此生成。屋顶由一系列优美的壳体将平面形状包围起来，让人联想起船壳，反映了会展中心位于克莱德河边原女王码头的位置，面对这座大跨度建筑，人们仿佛重新看到皇后港口昔日的繁华，也品味到历史的沧桑与轮回。阳光透过壳体之间的错缝洒入会议厅周围的门厅空间，光线的交错丰富了建筑的空间情感、混淆了时间长短，置身其中似是对历史荣景的追忆，又似是新征程的起航。

二、空间的美学体验

作为一种视觉空间，人们要在建筑空间中获得精神满足，首先它在视觉上应该是具有美感的，也就是所谓的形式美。高技术建筑遵循着这样一个形式美的基本原则——技术与艺术统一的美学标准。具体表现在"理性地组织规律在形式结构上所形成的视觉条理"，体现结构、材料、技术、自然元素等所呈现的秩序美。

纽约的世贸中心交通枢纽（图2-17）

2003年卡拉特拉瓦设计的位于纽约的世贸中心交通枢纽，以多种元素构建的空间美学给人以深刻的印象。拱形的鹅卵玻璃和钢架大约有114.3m长，最宽处33.5m，顶点处23m高。钢架支撑的结构向上延伸形成顶棚，形状似一对展开的翅膀，最高处达到45.7m。主广场在地下大约12.2m处，距玻璃屋顶的最高点大约36.6m。在主广场可以清楚地看到没有柱子支撑的透明顶棚。设计师在作方案介绍时强调了方案的出彩之处：该建筑使用的建筑材料除玻璃、钢材、混凝土和石头外，光也被作为材料运用到其中。光以一种最适当、最普遍的方法表达着乐观主义和一种强烈的生命力。卡拉特拉瓦采用了肖像学的方法，通过描述时间的无穷性、循环性和年复一年的特性来强调再

三、空间的精神共鸣

人类进入文明社会以来，建筑空间就作为一种重要的社会文化载入人类文明的史册。作为外扩实体与内涵空间的统一体，建筑空间既是一个实用的容器，又是一个文化的载体。黑格尔认为"建筑是被翻译到空间中去的时代的意志"。这说明建筑空间除了具有功能使用性，还具有精神和文化属性。空间的精神共鸣是高技术建筑随着对建筑与城市环境、历史文脉、场所精神间关系认识的不断深入，所呈现出的一种微妙的特征，具体表现在：注重城市的整体环境，在场所精神、城市尺度、空间特质和细部处理上取得与环境间的协调，实现为"为城市而存在"；并以一种谦和的态度面对自然，尽量减少人工痕迹，从技术的自我欣赏走向与自然的有机结合。

1. 与城市、自然空间的共鸣：巴伦西亚艺术中心（图2-18）

福斯特设计的巴伦西亚会议中心是欧洲主要会议集合地，会议中心提供了三个礼堂，最小的礼堂还可以再细分为两个空间。这座西班牙建筑的外形好像一个凸透镜或者说像是一只"眼睛"，由长度不同的两个弧面构成。礼堂和九个研究室从西方边缘紧凑的曲线中分散出来，公众空间则是环绕在建筑东部宽敞的休息大厅。建筑空间最大的特色是对气候变化、不同的光影环境及城市中的水流和绿化空间的有效回应，彼此间很好地融合。透过休息大厅

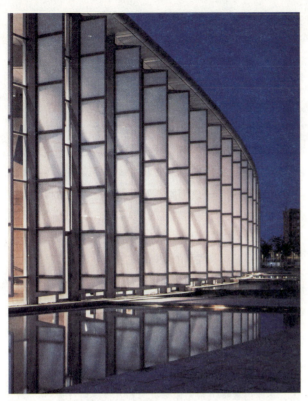

图2-18 巴伦西亚艺术中心（资料来源：《Architectural Design》2002。）

生和新生。纽约经历了长时间的不稳定及想象力的匮乏，缺乏为公众建造并服务于社区的大型现代化基础设施，世贸中心交通枢纽的出现便弥补了这一缺憾，给人带来积极向上的希望。

（a）议会大厦中央大厅改造前室内空间　　　　（b）议会大厦中央大厅改造后室内空间

图2-19 议会大厦中央大厅（资料来源：http://bbs.ccabbs.com/post/print?bid=5&id=11328。）

可以看到附近成荫的绿树和不规则弯曲的水塘，而且新鲜的空气经过水面有所降温后被送入建筑内部空间，尽量减小了建筑对机械空调设备的依赖和需求。另外大厅自然光线的采集也形成了非常惟妙惟肖的效果，除了礼堂之外，光线还被深深引入建筑内部，在某些地方显得轻淡柔和，而有些场所则明亮耀眼。时刻体现了将设计植根于本土建筑风格的原则，创造了一座符合周围环境的既有传统韵味又具有前瞻性的建筑。

2. 与人文历史空间的共鸣：迈克尔·霍普金斯（图2-19）

在霍普金斯的很多作品中，不但可以看到技术运用和专业表现，更多的是感受到情感和激情。对他而言，一个设计过程的起点从来不是一个理念，而是对某种环境和项目要求的回应——这里的"环境"是广义的，包括记忆、联系、传统和文化延续性等。他的很多作品如格兰德波恩歌剧院、古德伍德赛马场、皇家艺术院及议会大厦和白金汉宫，都深层次地探讨了如何运用现代手法来使用当地出产的建筑材料；如何解决建筑全球化趋势和保持地方文化特色这个世界性问题；如何使为保证工程质量而大量采用的预制构件能够有效地融入既有的空间和历史环境中。如霍普金斯在议会大厦这一项目中的大厅做工精良，采用玻璃、木质板材和钢材的屋顶覆盖，这是对传统建筑的重新诠释，灵感来源于威斯特敏斯特议会大厅巨大的14世纪的屋顶——这个屋顶架于六根主要的结构柱上。议会大厦中央大厅是伦敦城最令人印象深刻的一个现代空间。在这个建筑中，科技已经不再成为用来炫耀的口号，不再是显示征服和胜利的坐标。它变成了一种潜移默化的东西，和周围环境、历史文化融合在一起，显示出高雅洗练的内涵。这也是在日益追求生态、和谐，尊重当地文化的新时代信条下，高技术建筑的一种发展趋势。

注释：

1. 郑永.数码技术和建筑学[D].同济大学硕士论文，2003，31．

2. CSCW (Computer Supported Cooperative Work—计算机支持协同工作)：地域分散的一个群体，借助计算机及网络技术，共同协调与协作来完成一项任务．它包括群体工作方式研究和支持群体工作的相关技术研究、应用系统的开发等部分．通过建立协同工作的环境，改善人们进行信息交流的方式，消除或减少人们在时间和空间上的相互分隔的障碍，从而节省工作人员的时间和精力，提高群体工作质量和效率．

3. 马国馨，丹下健三，中国建筑工业出版社[M]，1989，41．

4. 吴焕加，现代西方建筑[M]．中国建筑工业出版社，1997，168．

5. 理查德·罗杰斯事务所专辑．世界建筑导报，2005，6，24．

6. 赫曼·赫茨伯格．仲德崑译．建筑学教程：设计原理．天津大学出版社．

7. 混沌理论是一种研究复杂的非线性力学规律的理论，广义来说是一种兼具质性思考与量化分析的方法，用以探讨动态系统中无法用单一的数据关系，而必须用整体、连续的数据关系才能加以解释及预测的行为．

8. 斯梯尔把仿生学定义为"模仿生物原理来建造技术系统，或者使人造技术系统具有或类似于生物特征的科学"．简言之，仿生学就是模仿生物的科学．确切地说，是研究生物系统的结构、特质、功能、能量转换、信息控制等各种优异的特征，并把它们应用到技术系统，改善已有的技术工程设备，并创造出新的工艺过程、建筑构型、自动化装置等技术系统的综合性科学．

9. 数字建筑一直没有一个明确的概念，这里引用台湾国立交通大学数位、虚拟建筑研究所主任刘育东教授的概念："凡是将各种计算机数字媒材，关键性的引用在建筑设计的过程中（自设计概念、设计发展、细部设计、施工规划、营造过程等任何一个阶段），并因而在机能、形式、量体、空间或建筑理念上有关键性成果的建筑，均广义地视为数字建筑"．

10. 虚拟建筑与空间的虚拟化是完全不同的两个概念，此处仅从空间模式的角度探讨虚拟化的表现方式，这里的虚拟化是与实体化相对的概念．

11. E·舒尔曼．科学文明与人类未来[M]．东方出版社，1995 (04)．

第三章　高技术建筑结构的技术体现

现代主义大师密斯·凡·德·罗认为建筑主要就是一种营造艺术，他常言："建筑开始于两块砖被仔细地放在一起的那一刻"。物质世界不存在有形态而没有结构的现象，也不存在有结构而无形态的现象，建筑必须具备形象，因而也就离不开结构。建筑的结构包括两个层次：具象的结构细部，如构件形式、节点构造等；抽象的构成关系，也就是实体之间的关系。对于结构来说，其所构成的空间正是表达结构中各实体间关系的一种形式，即用于确定各实体之间的相对位置关系。从这个层面讲，结构是根据一定的秩序原则来构筑具有一定空间关系的实体体系[①]。所以，建筑作为一个空间受力的实体，结构因素不可忽视，结构的表现力是一种巨大的力量，是建筑语言的重要语汇。传统建筑的焦点集中在比例协调和古典韵律，而现在已经演变为对结构、材料和功能的本质表现。

第一节　高技术建筑与结构

一、高技术建筑与结构的辩证关系

工业文明不发达的时期，人们通过经验总结结构体系。此时的建筑由结构体系产生之初的"结构作为建筑"演化为"经过装饰的结构"。这种装饰与结构的异化导致了结构内容与美学内容的分离，深刻影响了建筑师与工程师之间关系的形成。工业革命后，生产力得到了很大发展，随着力学和材料科学的发展，产生了很多新的结构形式，以钢和玻璃为代表的新型材料取代了木材和石料在建筑中的地位。在超高和大跨建筑方面，甚至可以说"结构就是建筑"，实例有：国家工业与技术展览中心（CNIT Building in Paris by Nicolas Esquillan）、罗马小体育宫（Palazzetto Dello Sport in Rome，1960）、纽约世界贸易中心（World Trade Center New York）、汉考克大厦（John Hancock Center）、西尔斯大厦（Sears Tower）、水晶宫（Crystal Palace）、IBM欧洲巡展装置等，这些建筑物几乎都突出了结构的表现力（图2-20）。

伴随着技术上的成功，早期的高技术建筑用技术激发艺术灵感，沉醉于精美的构造节点、等级鲜明的结构体系以及作为建筑主要表现因素的建筑设备服务系统，在这里"结构作为装饰物"而存在，例如，I型截面，桁架梁，腹板中切割的圆孔等都被用来象征技术飞跃和歌颂现代化技术，如劳埃德总部大厦(Llyds Building)、蓬皮杜中心(Centre Pompidou)等。随后，高技术建筑转为提倡运用先进的、非常规的结构技术努力在外形上表达结构的先进性，通过采用建筑结构构件的高效率，反映建筑形式。建筑师们也开始利用已有或新发明的建筑材料试验新

(a) 汉考克大厦　　(b) 西尔斯大厦　　(c) 罗马小体育馆

图2-20 结构的表现力（资料来源：《Architecture of The 20th Century》《100 of the world's tallest buildings》。）

（a）悬挂结构

（b）帐篷结构

（c）张拉结构

图2-21 高技术建筑的结构体系（资料来源：《Modern Architecture Since 1900》。）

（a）《纽约时报》大厦X形支撑

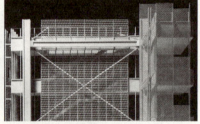

（b）《纽约时报》大厦模型

图2-22 《纽约时报》大厦（资料来源：GA DOCUMENT 101。）

满足于把结构作为配合实现建筑造型设想的辅助手段，不满足于忠实地反映结构，而是着眼于建筑艺术性和结构有效性的完美结合，将结构表现作为高技术建筑的结构目标。

结构表现是指在进行建筑造型处理时有意识地利用结构形式的表现力，把结构的科学性、经济性、效率、美学通过艺术化加工强调出来，成为造型的要素，而不仅限于单纯的技术手段。在早期的高技术建筑作品中，结构表现体现在以结构作为装饰或局部暴露结构的造型手法之中，结构构件甚至结构体系直接作为建筑造型的主要手段，在处理功能、结构和形式三个基本因素上，将结构和形式等同起来，认为高科技的结构就是高科技时代的形式。

建筑发展至今，高技术建筑对于结构的认识越发合理，它认识到建筑造型的艺术性建立在充分开发结构体系有效性的基础之上，而建筑内在结构逻辑性更是赋予建筑形象深厚的内涵美。具有表现力的结构的美学表述，是以深刻认识结构的力学规律为前提的，在力学概念非常清晰的基础上，突破现有结构体系或保守造型的桎梏，依靠设计师的结构直觉并结合具体条件，创造出建筑与结构浑然一体的和谐之美。在任何一个独具特色的建筑结构中，观者如果能够想象出建筑裸露的骨架，以及那些构件如何在结构框架内起作用，这种由结构营造出的典雅气质和戏剧性效果，便是对物理学要求的清晰反映。从早期的富勒、奈尔维到现代的卡拉特拉瓦、赫尔佐格、德梅隆的作品中，都能体验到如诗歌般的表现力和感染力，理解到结构逻辑性给建筑带来的诗一般的美。由建筑师皮亚诺、福克斯携福克斯与弗勒事务所设计的新《纽约时报》大厦（图2-22）便是一个极好的例证，其可见的外部支撑结构细部赢得了对于表现其功能的正确解读：建筑内部是一个悬臂梁的钢支撑核心。并且为抵抗摆动的附加刚度，在室外设置了一套尺度巨大的X型钢支撑；建筑的纤细的钢框架被玻璃衬托与白色的陶制屏幕一起营造出明亮的感觉，混凝土则呈现另外一种截然不同的视觉印象，共同体现了结构的艺术性。纽约的另外一座由SOM设计的时代广场大厦（图2-23），设计之初为了在最大限度地提供楼层空间的同时表现结构的特征，结构设计师同样选择了"支撑体系"：支撑构件在建筑的各个立面上都形成了巨

的建筑结构，努力打破传统建筑所带来的惯性思维方式，并借助于结构形态的研究和创新，找寻建筑新的表现形式。在这些强调高度技术性和结构性的建筑中，往往将建筑本身的架构直接展现出来，以结构本身交织的形态来凸显建筑的坚固和稳定性，让人们直接感受高科技带来的便利。高技术建筑的结构体系也在技术条件、社会需求及审美标准的影响下呈现多元化的发展，如，大跨度、超高、轻型建筑所表现的"结构即建筑"。并随着结构技术运用的成熟，社会需求的改变，结构体系也逐渐融入了情感、历史、生态等多种因素。总的说来，高技术建筑对结构体系的表现主要集中在两个方面：对新型结构技术的力学特征表现，如格里姆肖、法雷尔对悬挂结构，福斯特、罗杰斯、皮亚诺对张力结构，霍普金斯对帐篷结构的表现；对新型构造体系的技术特征的表现，如福斯特等对铆接方式的表现，格里姆肖对幕墙外张拉体系的表现（图2-21）。

二、高技术建筑的结构目标

在建筑设计中，结构的能动作用有着几种不同的升华境界：强制结构、忠于结构、结构表现。高技术建筑远不

图2-23 纽约时代大厦（资料来源：大型建筑的结构表现技术[M].中国建筑工业出版社。）

图2-24 英国雷诺汽车公司产品配送中心（资料来源：《图解当代欧洲建筑大师》湖南大学出版社 2008-11。）

型的X形，这个X形的高度决定了支撑构件的模数。在大厦的东西面上，每个X形支撑16层高，南面的支撑构架模数压缩至10层高。在狭窄的北面，支撑构架每8层构成一个X形，隐藏于金属面层之下的巨型X形支撑仅在室外的几个位置给予了暗示，并部分得以表现，成为曼哈顿第四十二街上的一个焦点。一个使墙体裂开的偏移也使得建筑变得复杂起来，每个X形的一半突出于立面，创造出了一个视觉拉链，极具感染力。

在这些成功的案例中，不难发现设计师懂得把结构框架作为其正在设计的空间秩序的一部分去考虑，因此在造型、空间表现上具有了一脉相承的关系。在此，需要强调的是：结构表现并不包括那些违背结构原理，以伪饰结构进行表现的建筑，忠实地反映结构始终是它存在的前提。福斯特曾说："建筑必然是产生于合乎逻辑并且充满表现欲的结构中的"。所以，具有表现力的结构就意味着要通过遵循支承结构的设计指导原则，使建筑设计简洁明了、合乎逻辑、经济高效。即使结构被隐藏也丝毫不影响人们明白建筑是如何矗立起来的。② 这是结构在建筑设计中能动作用的最高境界，逾越了反映结构的直白乏味，也突破了表现结构带有的形式主义的意味。

三、高技术建筑结构的艺术性

早期的高技术建筑在物质形式的构造技术方面有很高的艺术成就，但形式不能代表内容，它的意义相对匮乏，它只隐喻了技术时代的技术乐观主义与纪念碑式的英雄主义等有限的语义信息。高技术建筑的结构体系与设备体系暴露在外，成为了建筑的

主要装饰主题，表现出一种过分和夸张的力度，似乎完全趋向机器的形象结构是建筑最重要的东西，而结构所承托的空间、功能都变得可有可无，并且这种机械构件可以无限制地添加，此时的建筑或可称之为"结构构筑物"，所有这一切都是为了展现机器式的艺术感染力。

随着技术的发展，高技术建筑走出技术的孤芳自赏，建筑形态的创作越发注重结构的合理性，从结构体系，到构件、节点的处理都考虑结构受力的需要。建筑师按照科学规律去选择结构形式，把逻辑思维和形象思维、结构理性和建筑艺术有机结合，创作出技术含量高、个性鲜明的建筑形象，力求使结构技术美的内容具有建筑艺术美的形式，从而达到技术美与艺术美的高度统一。雷诺中心（图2-24）就是这种统一的体现，它融合了金属雕塑家和工程师的工作，充分利用现代科技和机器生产，创造出独一无二、极富艺术表现力的作品。或者可以说，雷诺中心的构筑形态与哥特建筑的精神是一样的，哥特是石头的艺术，而雷诺则是钢铁的艺术。

而在2000年的汉诺威世博会上托马斯·赫尔佐格设计的世博会大屋顶（图2-25）更是结构与地域文化、

(a) 汉诺威世博会大屋顶

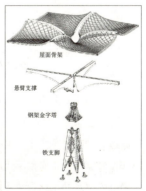

(b) 骨架系统

图2-25 汉诺威世博会大屋顶（资料来源：《托马斯.赫尔佐格：建筑+技术》中国建筑工业出版社。）

图2-26 首都T3号航站楼（资料来源:《时代建筑》2008-03。）

生态资源的完美结合。该建筑的特色之处在于一个巨大的、舒展的屋顶结构，造型有力而优雅。这个极富创意的木结构建筑由10个边长40m×40m、高度超过20m的大木伞组成，体现了现代制造流程与传统工艺技术的完美结合。利用垒叠式木板结构有效地完成了双曲线网格壳体，网壳的负荷传递到强有力的由整根树干做成的柱子中心承重体上，在使用木支柱和支撑杆的情况下，这种支撑往往是由钢构件来实现，而在该建筑中，这种支撑则是通过精密的荷载计算由薄片状的平木板来完成，木质材料本身的轻盈与建筑构件粗壮的体量，在美学与结构上达到了一种平衡。

西班牙建筑师卡拉特拉瓦的作品更是将结构的艺术性发挥到极致，他把建筑和工程结构重新综合在一起，集建筑师、工程师和雕塑家的各种才能于一身。他的作品不仅带给我们美的享受，也为我们开创了一种解决建筑与结构问题的新思路，他的很多作品融合了结构和运动的诗意形态。并打破了艺术、科学和技术之间，行为与反应之间，记忆与创造之间的人为界限。他的充满技巧的结构工程，为高度抽象的美学评论、雕塑和工程技术提供了新的价值。

第二节 高技术建筑结构体系探索

一、追求更大空间的结构体系

征服空间的愿望似乎自古以来就存在人们心中，大空间建筑的实践贯穿于人类的建筑史之中。在大型公共建筑和办公建筑中，借助现代建筑技术强有力的支持，高技术建筑的空间通常表现为巨大的尺度和比例的技术元素所构成的震撼的技术形象，强调建筑的力度感和技术的超现实感。从空间效益和高新技术的运用来看，向心结构体系、树状结构、杂交结构三种结构形式代表了新的发展。

1. 向心结构

向心体系以符合力学特征的几何形式为基础，如罗马拱券、穹窿建筑等；平面体系以几何不稳定的平行四边形为特征，自古埃及的巨石建筑，到希腊、罗马的柱式，再到今天的框架结构都属于此范畴。向心体系与之相比有三个主要的优越性：一是创造巨大的内部无支撑空间；二是大量生产标准化的重量极轻的小空间单元；三是以高强度覆盖一般空间支撑体，在上面可以悬挂附加构件。[3]向心结构体系从拓扑的意义上讲，不管这个空间的表面是平面还是曲面，它们都是几何多面体，如B.富勒以正20面体为原型，发明了大跨度穹窿结构，建筑师在实际方案中越来越多地用到空间网架、壳体或张力结构等形成拓扑曲面的空间结构。如福斯特在香港国际机场等多个作品均是采用的网架结构，同样首都机场3号航站楼（图2-26）也是使用特殊的金属网架用来支撑屋顶，支撑屋顶构架的主

图2-27 斯图加特机场（资料来源:《交通建筑设计:冯.格康 玛格及合伙人建筑师事务所》水利水电出版社。）

(a) 斯坦斯特德机场外观

(c) 斯坦斯特德机场结构节点

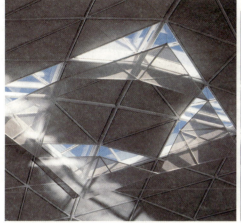
(b) 斯坦斯特德机场屋顶细部

(d) 斯坦斯特德机场室内空间

图2-28 斯坦斯特德机场（资料来源：《诺曼.福斯特的作品与思想》。）

(a) 科隆波恩机场外观

(c) 科隆波恩机场--树状结构

(b) 科隆波恩机场室内树状结构

(d) 科隆波恩机场室内

图2-29 科隆波恩机场北航站楼（资料来源：《墨菲\扬事务所作品集》。）

体结构网格36m宽，采用标准构件，留有调整的空间。虽然网架的基本结构是简单的三角形，但是重叠之后的三角形产生了六角形和空间四面体的效果，这种交织变化的几何结构使屋顶看起来十分轻盈。传统的航站楼屋顶多是平面的，结构看来稳固，实则缺乏动感。福斯特巧妙地运用了空气动力学原理，模拟机翼划过空气时产生的流动曲线，将航站楼的屋顶设计成双曲穹拱形，从而达到一种高低起伏、动感顿生的效果，而且选择铝合金板做屋面，这种轻型的金属建材既能够实现曲线造型又不会因屋顶太重而产生严重的变形。

2．树状结构

树状结构是用仿生学观点来构筑与天然树木极为相似的空间结构，该结构体系对于大空间的营造具有以下优点：杆件可以分级预制，符合工业化生产需求；在受力分析中，各类荷载传递路线基本是树形的，完全符合锥形原理，传力路线简洁、有效而又极具逻辑性。该结构的亮眼之处在于树状结构的屋顶，它按照树的生长机理，由下至上按照主干、粗枝、中枝和端枝组成主结构，多根钢管杆件以不同的角度交汇于一点，组成树形的空间三维体系。[④]1990年竣工的斯图加特机场（图2-27）第一次使用了树状结构，设计者利用呈复合伞形花序状的骨架，精心组织了结构传递荷载的路线：屋顶荷载经一跨度较小的网状支撑杆件（4～5米跨度）传到细小的杆件上，再由4个1组的杆件传给1根更长更粗的枝干上，经如此分级

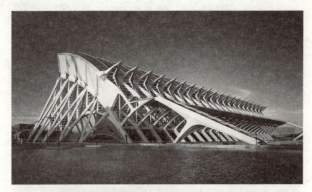

图2-30 巴伦西亚科学博物馆（资料来源：《世界建筑》2007-05。）

图2-31 雅典奥运会主会场（资料来源：《圣地亚哥·卡拉特拉瓦的作品与思想》。）

传递，12根管状分支的荷载汇集于底部主干，最后这些荷载经主干传递给基础。整个结构系统根据力流大小，分成四级截面大小不同的杆件；力流的分解和合成，使每一级杆件的使用在力学经济上均得到充分体现，相对于由规格杆件装配而成的桁架、平板网等结构体系而言，其传力路线更短，材料利用率更高，结构效能优势明显。

随后诺曼·福斯特将这种树状结构体系运用到1991年在伦敦建成的斯坦斯特德机场（图2-28），建筑的屋顶由30个标准化的钢管结构"树"支撑，每个树状结构支撑着18m见方的顶棚，树状结构之间架设同样尺寸的拱形顶棚。空调、电视屏幕等辅助设施被巧妙地安排在树状结构底部的四根立柱所围合的空间里，屋顶从复杂的机械装置中解放出来只承担透光和防水的功能。墨菲\扬事务所在2000年设计的科隆波恩机场北航站楼（图2-29）也采用类似的树状支撑结构。树状结构并非只用于机场建筑，在卡拉特拉瓦设计的巴伦西亚科学博物馆（图2-30）中也采用了此结构体系，长241m、宽104m的建筑由5个混凝土树状结构一字排开，支撑着屋顶与幕墙的连接处，并容纳了竖向交通与服务管线。

3. 杂交结构

杂交结构是空间大跨度结构发展中最具生命力的一种结构形式。即将两种或两种以上结构类型以最佳的组合方式杂交而成。包括拱与网架、网壳或悬索杂交、悬拉索与网架、网壳杂交等。对于杂交结构来说，其主体结构一般为拱、斜拉索、悬索等主要以轴力为主的结构体系，主体结构主要跨越大跨度，而辅助结构则依托于主体结构并保证主体结构的整体性。辅助结构可以是网架、壳体等空间网格结构或平面桁架，也可以是悬索结构、膜结构。杂交结构可以发挥组成其的不同结构体系的优点，化解那些结构体系本身的缺点，增进结构效能，并赋予建筑更为新颖的形式。

卡拉特拉瓦在雅典奥运会主会场（图2-31）运用的斜拱结构，就是杂交结构的佳例。拱的结构特性使其能实现很大的跨度，但缺点是侧向的稳定性；而悬索结构是承受拉力的高效结构，缺点是易产生变形。卡拉特拉瓦采用的斜拱方案恰如其分地发挥了两种结构优点的同时使其缺点相互抵消，由拉索的预张力保障抛物线拱的侧向稳定，受拉部分变成可以侧向移动的、分为两部分的体育馆的屋面。高效的新型结构不仅带来了更加经济的结构方案，更发展成为前所未有的优美造型。

二、追求轻薄的结构体系

高技术建筑在体现技术的优越性时，同样注重其经济和结构极限，若超过了该极限，结构的效率与经济性将大打折扣，这就要求设计师必须改变结构体系，采用效率更高、重量更轻的结构来跨越空间，索膜结构由此广受推崇。

膜与索相比，一个是面材，一个是线材。它们的共性在于只能承拉而不能承压，且只有当它们处于张拉状态时，才表现出刚度特性。两结构的结合——索膜结构，为大空间的营造提供了又一结构形式，此种结构体

图2-32 沙特阿拉伯吉大机场大厅（资料来源：《膜结构建筑》。）

图2-33 乔治亚穹顶（资料来源：《当代建筑构造的建构解析》马进、杨靖。）

图2-34 千年穹顶（资料来源：《当代建筑构造的建构解析》马进、杨靖。）

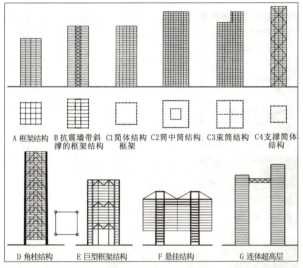

图2-35 超高层建筑的结构（资料来源：作者自绘。）

系的优越性常表现在能够减轻屋盖重量，下部的结构及地基基础的设计也得到相应的简化，从而形成大空间的轻薄结构体系。

20世纪50年代，费赖·奥托首先将以聚酯纤维织物为基材，面层涂覆聚氯乙烯制造出的工程膜材料用在建筑结构物中。1967年，他将这种技术和思想运用到加拿大蒙特利尔万国博览会的德国馆，创造性地大规模成功运用了索膜建筑技术，成为膜结构建筑发展里程上划时代的一笔。膜结构以其质轻、薄而柔软的特性大大不同于当时在建筑中常见的钢结构。由曲面形成的大空间由于膜材的透光性变得明亮开敞，这种大空间的营造激起建筑体系的巨大变革。自此以后，膜结构在世界范围内得到了迅猛的

发展，如第一次将气撑式膜结构应用于永久性大型体育馆的美国密歇根州宠提亚克兴建的"银色穹顶"气承式空气膜结构、沙特阿拉伯吉大机场大厅（图2-32）占地42万平方米的悬挂膜结构、1988年首次使用索穹顶的汉城奥运会的体操馆与击剑馆等都是对索膜结构的积极探索。1992年在美国建造了世界上最大的索穹顶体育馆——乔治亚穹顶（Georgia Dome）（图2-33），它是1996年亚特兰大奥运会的主体育馆，平面为椭圆形（193m×240m），这种双曲抛物面型张拉整体索穹顶的耗钢量少得令人难以置信，还不到30kg/m²。

为了庆祝新千年的到来，理查德·罗杰斯设计的位于伦敦格林尼治半岛的千年穹顶（图2-34）是迄今为止规模最大的空间结构。该穹顶直径达320m，周长超过1km。12根格构式梭形钢桅杆高达100m，通过斜拉索与幅向、环向索组成稳定的张拉球形结构，整个展览大厅总面积为8万m²。覆盖其上的是72块聚氯乙烯（PVC）涂层的玻璃纤维织物板，以利隔声、隔热。其建筑造型曾引起人们的不同联想，甚至招致讥讽，但该建筑形态简洁、结构鲜明，并以其独特的膜结构，显示了当今建筑技术与材料科学的发展水平。国内对于膜结构的运用也达到了较高水平，如上海八万人体育场及国家游泳中心——"水立方"。

三、追求高度的突破

现代结构技术、轻质高强建筑材料、抗震、防风等抗灾减灾技术的快速发展，使得建筑空间拥有足够的技术支撑得以向高度方向发展。纵观高层建筑结构的发展趋势，水平荷载是高层建筑结构设计的控制因素，建立有效的抵抗各种水平力的竖向抗推体系，也就成为结构设计的核心课题。在高层建筑抗推体系的发展过程中，有一个从平面体系发展到立体体系的演化过程（图2-35），即从框架体系到剪力墙体系，再到筒体体系。但随着建筑高度的不断增加、体量的不断加大以及建筑功能的日趋复杂，即使是空心筒体也满足不了高层建筑不断发展的要求。于是出现了结构体系的抗推周边化、支撑化及构件巨型化的发展趋势。

1. 抗推周边化

从力学的角度来说，常见的如筒体、剪力墙体系，其固有的剪力墙滞后效应，削弱了它的抗推刚度和水平承载力。特别是建筑平面尺寸较大，或柱距较大时，剪力滞后效应就更加严重。过去的高层建筑常将抗推构件布置在建筑物中心，或分散布置，由于高层建筑的层数多、重心高，地震时很容易发生扭转，而这种布置方式的抗扭能力较差。所以高层建筑抗推构件的布置逐渐转

先以产生张力和压力为主时,它就属轴向体系;当结构体系是由垂直和水平物件组成,在风力和地震作用下主要引起受弯的应力时,它就属弯曲体系。支撑化的实质就是以轴向体系(Axial System)代替弯曲体系(Flexural System)这是未来超高层建筑结构向高度发展的趋势。结构的支撑化主要是指,大型立体支撑是主构件,承担着高层建筑的绝大部分竖向荷载和水平荷载,支撑平面内的小框架及内部钢框架为次构架,担负着向支撑构件传递荷载的任务。

芝加哥的汉考克大厦(图2-38)以其具有建筑个性的巨大的暴露的斜向支撑而成为轴向体系的经典之作,而西尔斯大厦连同纽约世贸中心双塔则分别以它们的束筒和筒中筒体系成为弯曲体系的代表作。一般来讲,轴向体系比弯曲体系受力更有效。因为在荷载作用下,结构的传力路线越短越直接,结构的工作效能就越高,轴向体系结构处于承受直接应力状态,其传力路线短而直接。

3. 构件巨型化

构件的巨型化发展表现于巨型结构的蓬勃兴起,巨型结构的概念产生于20世纪60年代末,是由梁式转换层结构发展而形成的,又称超级结构体系,是由巨型的构件组成的简单而尺度巨大的桁架或框架等结构作为高层建筑的主体结构,与其他结构构件组成的次结构共同工作的一种结构体系。它的主结构通常为主要抗侧力体系,次结构只承担竖向荷载,并负责将力传给主结构。这种受力体系最大的特点是巨型化构件的应用,大致可分为巨型桁架、巨型框架、巨型筒体等结构类型。而且随之发展的巨型钢结构也凭借良好的适应性和潜在的高效结构性能,逐渐成为高层或超高层建筑的一种崭新体系。如诺曼·福斯特设计的东京世纪塔(图2-39)便是巨型结构,大厦楼层设计采用的是按两层划分的方法,结构

图2-36 赫斯特大厦(资料来源:《高层建筑设计与技术》刘建荣 中国建筑工业出版社。)

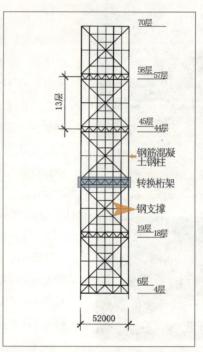

图2-37 香港中国银行大厦(资料来源:作者自绘。)

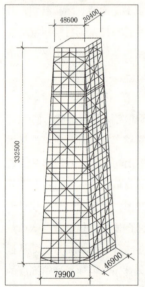

图2-38 汉考克大厦(资料来源:《高层建筑设计与技术》刘建荣 中国建筑工业出版社。)

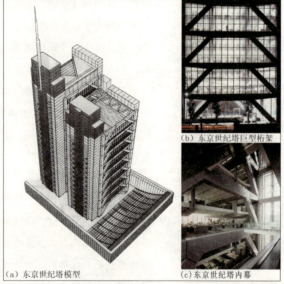

图2-39 东京世纪塔(资料来源:《Century Tower Bunkyo-Ku in Tokyo》。)

向沿建筑物周边布置,以便提供足够的抗扭力矩,满足多变的功能需求。而且构件沿周边布置还可以形成空间结构,能够抵抗更大的倾覆力矩(就像为了抵御强风而叉开双腿的水手)。再者由于大型构件的周边布置,避免了因竖向构件分散布置而影响空间使用,为建筑平面提供了更大的使用灵活性。⑤创造更大的无柱使用空间。如赫斯特大厦(图2-36)及香港中国银行大厦(图2-37)就是此种趋势的反映。

2. 结构的支撑化

当结构体系的各组成部分在风力及地震作用下,首

图2-40 美国纽约的鱼形建筑（资料来源：《材料、形式和建筑》理查德．罗杰斯 中国水利水电出版社（2005）。）

外观就像婀娜多姿的大桥，大桥置身于两端坚固的楼身之上，而其创造出的空间则被另一悬吊结构分割成两层。这种楼层划分方式把办公室空间从繁杂的梁柱中释放出来，使工作者可以享受更好的采光和更开阔的视野。而在立面上，构件的布置杆件形态变化与受力状态非常吻合，并以沉稳的外表在地震多发地区树立了结构的抗震形象。

四、信息技术对结构的影响

计算机信息技术不仅使建筑制造业和建筑业迅速得以现代化，也开始对建筑设计产生革命性的影响。计算机不再仅仅是一种高效率的"机械化制图"工具，在一些富于探索精神的建筑师那里，新兴计算机技术所包含的独特概念更成为探索设计新理念、新形式的灵感源泉。

今天，信息技术提供了新的思维工具去完成新的建筑，借助于信息技术提供的设计介质，设计师能在电子虚拟三维空间中推敲三维形体。盖里正是借助信息技术，才得以设计出和建设成形态复杂的古根海姆博物馆。自此建筑师逐渐从简单的平面几何绘图工具中解脱出来，结合计算机技术创造出复杂的建筑形态，对结构体系进行科学的力学分析。如，为了取得良好的气动效果，建筑需要适应特定风场中的气动外形，建筑师可以在电脑虚拟世界中，实验分析风场中建筑的多种流线型气动效果，从多个方案中甄选最佳，汉考克大厦采用的收分气动外形就是这一信息技术的结果。另外计算机三维技术最引人注目的地方还有CAD®与CAM®（Computer Aided Manufacturing）的结合。从CAM的角度说，新技术的发展使计算机不仅把数字化的立体模型以实物形式输出，而且还能以前者为基础，控制建筑构件的生产制造。2003年由盖里设计的坐落在美国纽约的鱼形建筑(Richard B. Fisher Center for the Performing Arts)（图2-40），便是利用CAD/CAM技术的建筑工程。该项目的初步设计产生出相当精确和详细的物理模型，随后建筑师利用计算机辅助设计进行详细设计并将其快速高效地转换成实际建筑。具体地说，第一步是把由复杂曲面组成的鱼身转换成数字曲面模型，利用数字模型对鱼的形状进行研究，重新定义鱼身的形状。接着利用快速成型技术（RP）®由数字模型再建物理模型。此时建筑师可以对照原始概念模型对开发后的CAD造型设计进行审核，最后利用CAD模型控制弯曲构件的制造和现场装配，在整个设计过程和建造过程中都完全用不到传统的施工图。

信息技术的应用不仅使高技术建筑开启了更广阔的设计形式，而且还使得早期高技术建筑倡导的"大量制造"转为今天的"大量定制"。"大量制造"是标准化、模数化和装配化工业生产思想的产物，但是，今天数字设计的先锋开始探索"大量定制"，即批量生产不同的单个产品。"……系统定制可定义为单个定制物件的大量制造和服务"。®P.泽欧勒认为："如今系列生产的、有数学关系而不尽相同的，以及精巧细致、相对便宜的一次性产品已经成为可能"。® CNC（电脑数字控制技术）®的发展使我们能直接将电脑模型变成建筑实体或非标准的重复构件。这种技术能将虚拟的建筑构思变成现实，激励建筑师在这种将无限的可能性融入建筑构件的条件下寻找自身的位置。

在建筑实践中，众多高技术建筑师都能自觉地运用结构的技术性、科学性、艺术性，来指导和帮助建筑设计。从富勒到卡拉特拉瓦，从彼得·莱斯到皮亚诺……几代建筑师都对高技术建筑的结构进行过深入而细致的探讨，也许他们的建筑观点不同，美学意识各异，但对运用结构手段去塑造鲜明建筑形象的追求却是高技术建筑发展历程中的共性。本章节分析了众多结构技术对建筑形象塑造产生影响的案例，它们或是大跨度的结构体系，或是追求高度和容积率的结构体系，或是为了实现某种标志性的建筑形象。但都是在利用结构技术、材料的发展创造满足社会需求和生活需要的建筑形式和空间形式；都是展现结构力学规律的建筑表现，从优化的自然界中模仿自然获得结构构思的灵感，将结构构件视为建筑形象的"符号"和"语言"，利用数学中的几何图形描述复杂的曲面空间。今天的高技术建筑结构在解决结构内在规律和建筑外在形象之间的关系中，既保证了结构技术的合理，又处理好了建筑形象的美学表达，使建筑与结构可以完美地融合，结构本身直接成为建筑形式。从而实现高技术建筑对于科学、技术、自然的直接表达，为建筑形象的创新提供了丰富的源泉。

注释:

1.（意）P.l.奈尔维著.黄云升，周卜颐译.建筑的艺术与技术[M]．中国建筑工业出版社，1998：36.

2.弗吉尼亚·费尔韦瑟著.段智军，赵娜冬译.大型建筑的结构表现技术[M].中国建筑工业出版社，2008：9.

3.布正伟.现代建筑的结构构思与设计技巧[M].天津科技出版社，1986：34.

4.龙文志.浅介树状建筑结构[J].中国建筑装饰装修，2006-01.

5.刘建荣主编.高层建筑设计与技术[M].中国建筑工业出版社，2005：12.

6.国际信息处理联合会认为：CAD是工程技术人员以计算机为工具，对产品和工程进行设计、绘图、分析和编写技术文档等设计活动的总称，包括曲面造型技术、实体造型技术、参数化技术、变量化技术.

7.CAM是指计算机数值控制，是将计算机应用于制造生产过程的过程或系统.

8.RP是Rapid Prototyping的缩写，中文意思：快速成形.快速成形技术是一种基于离散堆积成形思想的新型成形技术，是集成计算机、数控、激光和新材料等最新技术而发展起来的先进的产品研究与开发技术.

9.Pine.B.J.大量定制：商业竞争的新前线[M].哈佛大学商业学院出版社，1993：23.

10.Peter Zellner. Hybid Space-New Forms in Didital Architecture.New York：Rizzoli.

11.CNC(数控机床)是计算机数字控制机床（Computer Numerical Control）的简称，是一种装有程序控制系统的自动化机床.该控制系统能够逻辑地处理具有控制编码或其他符号指令规定的程序，并将其译码，从而使机床开动并加工零件.

第四章 高技术建筑表皮的技术体现

第一节 高技术建筑表皮的形态表征

建筑表皮是一个不断转换的概念，它的定义也就是在这些转换过程中所显现的差异和相似中得以明晰：它如同生物表皮一样具有物质性和抽象性，并能通过视觉传达信息，也就是兼具物质（本体）和精神（表现）两种基本属性。这两个基本属性，共同参与表皮转换的历史过程。高技术建筑自产生之初就把注意力集中在强调和表现工业技术上，不仅在建筑中坚持使用新技术，同时在美学上也极力倡导表现新技术，将高科技的结构、材料、设备转化为建筑表现自身的手段，除它们自身的功能属性外，还赋予其新的美学职责。所以，或者可以说在高技术建筑中凡是具有"表皮作用"的建筑构件、元素、系统等都可以称之为"表皮"，不仅包括建筑的外围护部分，同时也包括室内的一些建筑构件。进入信息时代，高技术建筑呈现多元化的发展倾向，"建筑表皮在信息化的浪潮中觉醒，新兴的数字信息技术所孕育的力量，不仅削弱甚至颠倒了表皮与结构或表皮与功能之间的关系，而且为建筑表皮的觉醒注入了前所未有的强劲动力"。[①]这个时代出现了一批表皮与文化、生态、城市等多种因素交相融合的高技术建筑作品。传统的评判标准已无法从流体般的表皮中解读部分与整体的比例、尺度与结构的关系。表皮较之建筑的意义发生着改变，除作为围护体系、支撑体系外，先进技术的参与更是赋予它新的含义和价值。主要呈现出表皮形态的自由化、表皮材料的艺术化和表皮的信息化三种状态。

一、自由化表皮的戏剧张力

对于技术的运用不但使建筑营造能自如地应对复杂的建筑表皮，还使得建筑设计获得前所未有的自由。建筑师赋予表皮各种材质，突破欧几里德几何学的限制，加入时间的概念。将建筑的顶面、墙面、底面用连续但不封闭的处理方式使其各自成为对方自然延伸的一部分，建筑表皮的连续意义得以拓展，建筑形态的几何学意义也得以加强。由此产生出表皮形态的自由化及与空间实体分离的可能性。这种表皮维度的戏剧化演绎打破建筑实体的沉重和完整，打破面的围合和封闭的界线，呈现为表皮"形"的不确定性、色彩

图2-41 中国国家大剧院（资料来源：作者自摄。）

图2-42 英国伊甸园（资料来源：《高技术生态建筑》天津大学出版社 2002。）

自由化等视觉特征，衍生出了新的建筑形象。

1. 边界的消失

边界的消失常表现为大面积的包裹感和附着感，金属板、金属网、玻璃、混凝土、大屏幕等都是最常运用的材料，它们以规则或无序的状态依附于建筑表面，最终凸显建筑表皮作为独立构件的连续性和整体性，形成无接缝的光滑整体。如，安德鲁设计的中国国家大剧院（图2-41），坐落于一泓池水中，如天外来客，与周边的传统建筑形成鲜明的对照。这种金属壳开创了建筑外壳与功能空间脱离的先例。尼古拉斯·格里姆肖设计的英国伊甸园（图2-42）同样是表皮边界消失的代表作品，建筑带有科幻般的形象，主要空间置于地下，地面标志性球形体是内部空间的覆盖物，充满童话色彩的大面积透明屋顶成为建筑融入

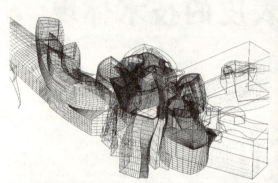

(a) 古根汉姆博物馆线框图

(c) 室内

(b) 施工现场

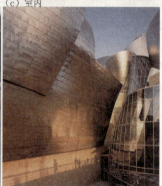

(d) 外形局部

图2-43 古根海姆博物馆（资料来源：《材料、形式和建筑》理查德.罗杰斯 中国水利水电出版社（2005）。）

环境的重要因素，轻质、透明、柔和的ETFE膜消除了内外空间的界限；主体结构依峭壁而建，匍匐于山林之间，似是自然生长般恰如其分。

2. 界面的扭曲

在高技术建筑中混沌、分形等非线性思维的引入，将建筑师的视线从规则建筑中释放出来，投入更与自然接近的形态创作中。信息技术革命催化出的计算机图形分析能力和数字化控制制造技术，为建筑师设计和建造动态和复杂的形式提供了空前强大的技术手段，使非线性、扭曲面等很多难以计算和分析的问题都得以解决，空间也不必受形体的约束。美国建筑师弗兰克·盖里的作品大量运用重叠、扭转、断裂等设计手法。他设计的古根海姆博物馆（图2-43）将翻转和扭曲的三维曲面运用到极致。严格从某些建筑学角度来评价它，或许不尽如人意，其内部空间组织结构几近静态和保守。然而毕尔堡的最大特色则是表皮大量覆盖的钛金属板，其色彩光泽随天气、日光状况不同而千变万化，蔚为壮观。外墙面多为复杂的三维曲面，使其看起来激进、复杂、动感、极富表现力。盖里以其对个人美学趣味的极端自信和对当代技术状况的乐观主义态度，在毕尔堡完成了一次伟大的建筑学的综合。而且，建筑所引发的"毕尔堡效应"也对建筑表皮扭曲的繁盛起到推波助澜的作用。

3. 界面的流动

表皮设计引入动力学的流体概念使得建筑表皮变得具有流动性，动态成为表皮样式的时尚追求。扎哈·哈迪德的很多作品都是这一理念的体现，在罗马当代艺术中心（图2-44）国际设计竞赛中的方案体现了这一点。这座艺术中心的整体特色体现在它的通透性、渗透性以及场所空间的设计，表皮以具体的形态体现一种"流动"的概念。这种"流动性"一方面作为建筑母题出现，同时也成为体验游览整个博物馆的一种方式。而在皮亚诺的作品中更多的是通过线形的表达追求流动的感觉，他设计的关西机场（图2-45）是由"风"这种自然元素物转化而成的，建筑的整体形象最终便是自始至终连续的线形。

4. 视觉的游戏

通过对表皮的材质、尺度、色彩、质感、方向位置等的变化，演绎一场精彩的视觉游戏。赫尔佐格和德穆隆设计的慕尼黑体育场的变色膜表皮、让·努维尔的"无止

(a) 罗马当代艺术中心鸟瞰

(b) 内部空间　　(c) 外观

图2-44 罗马当代艺术中心（资料来源：《扎哈.哈迪德的作品与思想》。）

图2-45 关西机场（资料来源：《Architecture for the future》。）

境大厦"都是典型代表。"无止境大厦"利用不同质感和色彩的建筑构件由下而上地"渐变退晕"形成建筑师追求的视觉效果：建筑的基座消失，使建筑看起来像从火山口冲出，在天空中消失。为达到这一目的，这座直径43m，高度420m的建筑，底部采用黑色的花岗石表面，越向上越亮，粗面的花岗石变成光面的花岗石，再变成灰岩，然后石材渐渐过渡到玻璃幕墙，玻璃幕墙再由银色压花玻璃向上渐变为无色透明玻璃，最后在细长如空气结构的顶端完全消失，有如融入天空。

二、表皮材料的艺术化

高技术建筑主张使用并表现新的材料，如玻璃幕墙、高强钢、铝、塑料、特氟隆、铝合金等。在高技术建筑中材料本身和结构、构造、节点一起都成为表现的主题。表皮的分层构造使各种材料和构造方式很容易被重复于建筑的表皮层上。建筑师在选择、表达材料与构造设计上获得了极大的自由，创造出丰富多彩的建筑表皮。如，日本建筑师长谷川逸子的作品（图2-46）总是近乎诗意地运用铝和钢等轻质工业材料，并致力于应用现代工业材料来再现传统尺度和清新的自然气息。她设计的富谷事务所在外层"膜"的铝板上，用带孔的铝板间隔出天空的云彩，细长的钢架模仿吊车的悬臂斜向插入云中。相同的手法也表现在S.T.M办公楼的设计中，建筑中穿孔的金属网板、纤细的铁件塑造的"铁树、钢板云"，可以看出现代材质在设计师手中已经成为重新诠释建筑和自然关系的手段。高技术所再造的象征化的自然景观，充满了浪漫情怀和诗化气质。

皮亚诺对于材料的理解更是全面、透彻，他不仅擅长高技术建筑师所青睐的金属、玻璃、张拉膜，还包括传统的木材、石材、素混凝土等。他没有把兴趣停留在抛光金属和玻璃的冷酷外表上，而是不停地加了温和的文化内涵。所以才有了芝贝欧艺术中心木质的织物般的建筑表皮。同样在赫尔佐格和德梅隆设计的一座废弃发电厂改建为CAIXA广场的项目（图2-47）中，选择了与砖相衬的锈铁板作为增建楼层的表皮材料，通过表面与材料的延续展开一段与历史的对话。赫尔佐格和德梅隆事务所的合伙人亨利·古格说道"我们曾经一直寻找一种和砖同样质地、同样光泽、表面同样柔软的材料……锈铁板的分量恰好是我们的需要"。最终这种铁板上穿孔的图案根据显微镜下铁锈的形态随机选取，并会随自然氧化而变化的表皮开始了表皮动态艺术的演绎。

三、数字技术与表皮形态的交相辉映

数字化高科技的出现给各个学科领域带来了革命性的变化。它对建筑表皮的影响主要表现在三个方面：表皮在整体建筑中的功能更加多样；表皮的设计制作手段更加先进，表现样式更加丰富多彩。

1. 信息的载体

建筑表皮作为信息传递的载体其实并不是新鲜的事，在商业建筑中，商业广告已经极大地入侵到建筑中，当前的某些建筑师已经有意识地将建筑所具有的这种信息作用通过现代的科技手段整合到建筑中来。让·努维尔在法国里尔火车站商业中心的建筑表皮设计中运用全息技

图2-46 长谷川逸子作品的金属板网　图2-47 CAIXA广场（资料来源：
（资料来源：《The Japan Architecture》。）　《新建筑》2007-03。）

图2-48 沃特迪斯尼音乐厅（资料来源：《弗兰克.盖里的作品与思想》。）

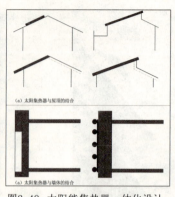

图2-49 太阳能集热器一体化设计（资料来源：作者自绘。）

息整理为三维建筑表皮信息；④将计算机中三维建筑表皮信息输出到三维数控铣床，制作出实体模型；⑤然后再针对实体模型进行评估修改，而后扫描，再在计算机中进行分析修改……如此循环往复。在这种设计手法下产生了古根海姆博物馆、沃特迪斯尼音乐厅（图2-48）等极具震撼力的作品。

术来表现大比例图片和周围环境，以适应城市环境的大尺度，并营造商业氛围。瑞士建筑师布特哈格在北京五棵松文化体育中心的奥运场馆竞标的设计中，干脆将建筑的表皮设计成电子大屏幕，成为真正的传播信息的表皮。建筑表皮成为纯粹的信息媒介，其功能已从原有的表皮功能中分离，成为一种新的协调建筑与环境、建筑与信息的具有时代感的角色，游动于简单与丰富、物质性与非物质性、现实与虚幻之间。

2. 数字技术的运用

数字技术为设计师开启了更为广阔的领域，计算机不再仅仅是一种高效率的"机械化制图"工具，在一些富于探索精神的建筑师那里，新兴计算机技术所包含的独特概念更成为探索设计新理念、新形式的灵感源泉。日本建筑师矶崎新在"中国国家大剧院"竞赛的项目中，便使用原用于飞机、汽车造型设计的"活动曲面"设计软件，分析"混合式壳膜结构"屋顶特殊的连续曲面。其实早在1992年，盖里事务所便开始向工业设计领域学习，在创作中加入计算机的应用，除NURBS造型技术、结构计算中的有限元分析和构件制造的CAM化等外，他还引进航空设计软件Catia Program、空间数字化及其他一系列电子技术，以辅助设计动态、复杂的建筑形式。盖里事务所的设计流程具有典型案例意义。其设计体现出以下步骤：①经过解析建筑表皮的自由化特征、建筑环境、功能和空间分析制作出一系列手工模型，进行多方面的评估；②将优化筛选后的手工模型通过三维数字化扫描仪转化为计算机中的三维点状信息；③在计算机中将三维点状信

第二节　高技术建筑表皮的技术运用

一、幕墙技术

建筑表皮的幕墙技术经历了一个从重外观到重内部，再到内外并重的发展过程，其中起主要推动作用的是材料与技术的进步，并随着对生态节能、室内舒适度的关注，幕墙技术走向了玻璃和其他建材相结合的多层表皮之路。如，透明隔热墙体系统（TIW），以及麦卡锡团队设计的"环境的第二皮肤系统"，即"双层皮肤系统"，都是对幕墙技术的生态化探索，在下一篇高技术建筑的生态化发展中会有详细的介绍。

二、太阳能技术

建筑表皮是建筑与太阳能进行整合的关键部位，对于太阳能的利用有被动式和主动式两种方式，在此主要探究主动式太阳能利用系统对建筑表皮的影响。主动式太阳能技术力图使遮阳、散热和太阳能收集一体化，这种混合型太阳能技术使技术与建筑真正的结合。在建筑上，太阳能利用主要包括两大类型：太阳能光热利用技术和太阳能光电利用技术。

1. 太阳能光热利用技术：太阳能集热器与建筑的结

 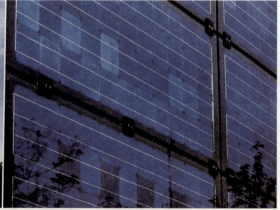

图2-50 太阳能光电板与建筑（资料来源：《建筑与技术》2009-03。）

合（图2-49）

太阳能光热利用技术包括：被动式太阳房、主动式太阳能供热供冷技术、太阳能集热器技术和太阳能光热发电技术。此处探讨太阳能集热器与表皮的结合。太阳能集热系统是利用可再生能源驱动太阳能集热器，结合蓄热装置组成循环太阳能系统。太阳能集热器作为"看得见"的元素，在建筑的外形设计中作用很大，常与屋顶或外表皮相结合设计。与屋顶的结合：集热器是标准化的大尺寸模数板，可以快速地大面积安装，一般做法是屋顶的土建部分做到气密层以及固定在屋椽上的横向龙骨为止，集热器被固定在龙骨上，彼此之间紧密相连且保留30～40mm的通风空气层，既起到防水的作用，又可以替代屋顶层排水。与立面的结合：能在外立面上组合安装太阳能集热器的前提条件是墙面上没有周围建筑物或树木的遮挡，但垂直面上的采热量比屋顶的采热量要少30%～35%。

2.太阳能光电利用技术：太阳能光电板与建筑的结合（图2-50）

太阳能光电利用技术包括太阳能光伏发电技术和太阳能热发电技术。太阳能光伏发电技术是利用太阳能光电池组件变太阳能为电能。要达到光电板与建筑的一体化，既要做到光电系统在整个建筑能源物理技术上的融合，又要顾及建筑形象，实现物理技术与设计艺术的完美结合。设计中通常要注意以下几个问题：①避免阴影的遮挡：建筑物需要一定的间距，还要考虑到周围树木的生长情况，在城市规划中需要作三维阴影投影分析，如PVSYST[2]的使用，避免日后地段外建设造成的阴影。②防止眩光污染。③技术与美学：光电板多为模数化生产，可以按照建筑师的设计要求在大小、形式及安装技术等方面作出相应的选择。

三、表皮与通风技术

在高技术建筑的表皮设计中，利用可调节的机械装置辅助自然通风，综合传统通风技术和人工空调技术各自的优点，成为表皮发展的趋势（图2-51）。表皮的自然通风技术常见于双层（或三层）维护结构，是当今高技术建筑普遍采用的一项先进技术，被誉为"可呼吸的皮肤"。主要利用双层（或三层）玻璃作为表皮维护结构，玻璃之间留有一定宽度的通风道并配有可调节的百叶。在冬季，双层玻璃之间形成阳光温室，增加了建筑内表面的温度，有利于节约采暖能耗。在夏季，利用烟囱效应随通风道进行通风，使玻璃之间的热空气不断地被排走，从而达到降温的目的，对于高层建筑来说，直接开窗通风容易造成紊流，不易控制，而双层维护结构能够很好地解决这一问题。

四、表皮的人工智能技术

人工智能技术是建筑由无机体向有机体转化的核心，运用计算机控制技术，建筑表皮的各个方面，如采光、通风、保温、隔热等，不再采用固定的运行模式，而是通过自动传感器向计算机提供诸如室外风向风速、降雨量、室外气温、室内温湿度、室内光线强度等参数，计算机则根据各传感器提供的信息，统一控制表皮上的遮阳、百叶、通风等各种开关，以及冷暖循环系统等多个微调装置。各个分系统之间不再各行其是，通过类似于生物中枢神经的信息处理系统，表皮的各部分成为相互协调的有机整体，对外部自然环境的变化和内部使用者的需要作出灵敏的反映。智能技术已经渗透到建筑的设计、使用、维护等各个阶段，这是一场从建筑内部发生的变革，它使建筑表皮真正成为有生命的"皮肤"。智能技术的影响是深刻的，它代表着建筑表皮未来的发展方向。

第三节 高技术建筑表皮的发展倾向

一、生态绿色倾向

表皮的生态化主要表现为主动生态技术与高技术的结合，即智能外墙表皮，或称为动态表皮。这种发展实质上是表皮"机器化"的一种升级，一方面通过技术手段实现将太阳能、风能转化为建筑所需能源，实现建筑的遮阳和通风的可调节；另一方面由于新材料的应用及绿色植被等元素的参与，使建筑表皮呈现出与传统建筑表皮形象迥异的外观。例如瑞士再保险大厦（图2-52）。

福斯特设计的瑞士再保险公司大厦的表皮结构是生

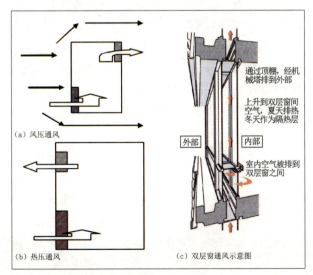

图2-51 通风示意图（资料来源：作者自绘。）

（a）瑞士再保险大厦（上）　　　（b）表皮细部（下）

图2-52 瑞士再保险大厦（资料来源：《摩天大楼结构与设计》马修·韦尔斯。）

态表皮的另一种表现形式。其幕墙结构被分解成5500块平板三角形和钻石形玻璃。数千板块构成了一套十分复杂的幕墙体系，这套体系按照不同功能区对照明、通风的需要为建筑提供了一套可呼吸的外围护结构。同时在外观上标明了不同的功能安排，使建筑自身的逻辑贯穿于建筑的内外和设计的始终。除顶部餐厅特制的水泡形玻璃外，这套系统包括两个部分：办公区域幕墙和内庭区域幕墙。办公区域幕墙由双层玻璃的外层幕墙和单层玻璃的内层幕墙所构成。在内外层之间是通风空道，并加有遮阳片。通风空道起到气候缓冲区的作用，减少额外的制冷和制热。螺旋形上升的内庭区域幕墙则由可开启的双层玻璃板块组成，采用灰色着色玻璃和高性能镀层来有效地减少阳光照射。

二、表皮的人文倾向

随着高技术建筑的发展，越来越多的新材料、新结构、新技术和新的建筑形象相应而生。但是高技术建筑其实并没有脱离老的建筑材料，如混凝土、砖等古老的材料。很多高技术建筑的创作也逐渐以多种技术为支撑点，采取多层次的技术策略，结合当地的实际情况，创作具有内涵的建筑。既要保持对前沿新技术的敏感，又要关注传统技术的更新应用，创造与城市、生态环境和谐统一的时代建筑。作为文化信息最直观的载体——表皮，理所当然地担起从现代技术到地方文明延伸的责任，更多地融入对自然、场所等因素的思考，更多地回应建筑的场所特性和文化传统。

1. 芝贝欧艺术中心——皮亚诺的文化情愫（图2-53）

皮亚诺在新卡里多尼亚设计的芝贝欧艺术中心，是一个用文化来阐述建筑的佳作。在设计中所面临的最基本的问题是：这个建筑将作为卡纳克文明的标志，而不仅是"对民俗的模仿"。建筑由10座半弧形的建筑单体以低廊串联，皮亚诺借鉴了传统的卡纳克棚屋形象，双层的肋和梁支撑作为结构支撑，形成当地建筑特有的织物般的表皮纹理。具有棚屋造型的贝壳状双层表皮并不仅仅是对于传统形象的模仿，它还是一个十分有效的被动通风系统，其形状取决于计算机模拟的气流分析和风洞试验的结果。"皮亚诺最初的设想是一个封闭的圆锥体棚屋，木肋的尽端交汇于顶部，在外观上似乎更接近于当地的传统住宅。但是，为了利于自然通风，皮亚诺对'棚屋'的形状不断加以改变"。③棚屋的弓形部位背向夏季主导风向，针对不同的风速和风向，在弓形表皮的双层结构内部设计了百叶，通过调节百叶的开闭方向来控制室内气流，从而实现完全的被动式自然通风。正如皮亚诺所言："对于来自当地的文化，我们提取它的亮点并强调其特点"。和皮亚诺以往的作品一样，形式的生成必须建立在科学的分析之上。皮亚诺认为当地文化的精华在于："创造、农业、聚居、消亡、复苏"，④这种文化贯穿于芝贝欧文化中心的每个方面，并最终在建筑表皮上自然地显露出来。

(a) 芝贝欧文化艺术中心

(b) 芝贝欧文化艺术中心

(c) 棚屋细部

图2-53 芝贝欧艺术中心（资料来源：《建筑与太阳能》。）

努维尔善于利用建筑表皮传送信息，设计营造气氛的"屏幕建筑"。这种建筑表皮映射出结构、肌理图案、光线、内部空间和外部环境等多种影像的叠加。在阿拉伯文化中心的项目中，努维尔分别用了类似光圈装置的南立面和玻璃幕墙的北立面来表达阿拉伯文化和镜像现代城市景观。而在2004年巴塞罗那落成的地标建筑Agbar摩天楼的设计中，努维尔又给予了我们新的想象。有建筑评论家这么说：这幢建筑以双层表皮来设计，有如一种水的特性——光洁、连续、富有生机而又通透，使得这件巨作可以有深度的、色彩斑斓的又不确定的、熠熠生辉而又极微妙地去阅读。它的形式没有石头般的厚重，却又是深度地与古老的加泰罗尼亚文化产生共鸣。马赛克式的内层表皮传递了加泰隆尼亚地域文化的回声，玻璃百叶的外层表皮通过对地面、周围环境和天空的折射，体现着巴塞罗那的城市意象和"水"的主题。这种多层影像的叠加，让建筑表皮传递了历史和现在，环境和内部空间，技术和文化等多种信息。确立了建筑和场所、建筑和城市之间的关系。

三、表皮的幻化倾向——与城市的融合

多杰斯曾说"建筑学不再是体量和题解问题，而是要用轻型结构，以及叠置的透明层，使得结构成为非物质化"。

建筑表皮幻化的倾向在高技术建筑中的表现越来越流行。诚然，这种消失的愿望是基于对玻璃这种材料的重新认识和发掘。一方面是玻璃的反射性：最大化地反射环境，使建筑暂时隐藏在环境中，并且不仅是建筑的消失，同时也暗示着人的消失；另一方面，就是玻璃的透明性：最理性的玻璃建筑总是试图使建筑的轮廓消失掉，将建筑的内与外模糊掉，是真正的边界的消失、建筑的消失。

由伊东丰雄设计的日本仙台媒体中心（图2-55），外墙采用了双层玻璃材料，外面的一层兼起结构作用，大片的树脂玻璃幕墙和轻盈的结构体构成了晶莹的建筑形象。在这里，通透的外墙虽然是分隔室内外的界限，但这种分隔只是功能上的，而非视觉和心理上的。建筑仿佛就是街道的延伸，

(a) Agbar摩天楼全景　　(b) 表皮细部　　(c) 表皮细部

图2-54 Agbar摩天楼（资料来源：《时代建筑》2005-04。）

2. 阿拉伯文化中心、Agbar摩天楼——技术对文脉的尊重（图2-54）

图2-55 日本仙台媒体中心（资料来源：《建筑的非线性设计：从仙台到欧洲》伊东丰雄事务所。）

人在其中，就如同坐在街边一样，看着建筑内部交错变化的空间层次和人们的活动成为城市中的一台演出。这也正体现了伊东丰雄的创作初衷："数字技术现在已经作为仙台市的象征，成为社会运转的基础，然而数字技术的特点很难有具体的物质表征，今天的建筑应当将当代都市生活可视化"。[5]这种倾向或多或少地弱化了建筑的实体感、丰富了建筑的视觉层次，一定程度上减少了建筑实体对城市环境的视觉压力，特别是有效地缓解了高层建筑与传统城区的冲突，使建筑以柔和的方式"飘"于城市之中。

表皮的这种倾向体现出的虚化之美，隐含着一种对于工业化时代机器美学中被夸大的物质关系的叛逆，和对于信息时代数字化前景的向往，也正迎合了信息时代开放与交流的意识。这种虚化的建筑向外部展示的不仅仅是自身的造型和内部的景观，更是通过开放的空间和通透的外墙展示出建筑内在的空间次序和各种内在的建筑信息，从而缓解了长久以来高技术建筑与城市发展间的矛盾。

注释：

1. 陈志毅.表皮——在建构中觉醒[J].建筑师，2004：8.
2. PVSYST：是瑞士研发的光电板计算机软件，主要面向建筑师，数据库中包括光电板产品目录及各地气象资料，使用时输入项目的所在地等有关数据，可完成阴影模拟分析、3D渲染、投资分析、数据列表等.
3. 王鹏，谭刚.生态建筑中的自然通风[J].世界建筑，2000-04：63.
4. 帕高·阿森西奥著，侯正华译.生态建筑[M].南京：江苏科学出版社，2000：108.
5. 孙澄，梅洪元.现代建筑创作中的技术理念[M].中国建筑工业出版社，2007：169.

第五章　高技术建筑中的设备发展

高新技术的发展为人类开拓了新的领域，与建筑的合理结合也使得新技术愈发受到欢迎。如，照明、空调等机械设备使建筑内部的物理环境得到改善，电梯的出现则为建筑的竖向发展提供了可能。建筑设备对建筑发展的巨大贡献有目共睹，它的参与不仅挑战了建筑的空间和功能，还融入新的材料、构造方式及结构体系，催生了新的建筑形式。但建筑中过分依赖机械设备对内部微气候环境的干预，而不注意探求建筑自身来解决这些问题的现象，不可避免地也造成了能耗过大，环境污染等问题。在欧洲和世界绝大多数地区，所有能源消耗的一半左右都与建筑物的取暖、照明、制冷和通风有关。

第一节　建筑设备的发展倾向

如果说早期高技术建筑作品还是在盲目炫耀工业成就的话，当代的高技术建筑师则致力于利用现代工艺技术中的新成就来保护生态环境、减少能耗、降低污染，创造更加理想的人居环境，走一条可持续发展的道路。具体到建筑设备，主要表现在基于数字技术、生态技术、节能理念的智能化、节能化、模块化的发展倾向。

一、建筑设备的智能化倾向

通常智能化建筑是由三大部分组成：建筑设备自动化系统(BAS)、办公自动化系统(OAS)和通信自动化系统(CAS)。建筑物设备自动化系统是现代控制技术在建筑物的电力、照明、空调、给水排水、防灾等设备系统，它通过中央计算机系统的网络将分布在各监控现场的区域智能分站连接起来，是以集中监视、控制和管理为目的综合系统，从而确保建筑物有关设备的合理高效运行。它的内容相当广泛，一般包括数字管理系统、HVAC系统、给水排水系统、供配电系统、照明系统、交通运输系统等的控制和管理。建筑设备的智能化调控创建的平台为很多建筑应变设计的想法提供了可能性。

1. 数字管理系统

高技术建筑的数字管理系统是中央处理单元，作为整个建筑的大脑，它接受来自各部分传感器的信息，并实时决定采取自我调节的方式。根据现代控制理论和控制技术，采用数字技术，对建筑物的电力、照明、空调、给水排水、防灾等设备系统进行集中监视、控制和管理。

2. 日照控制系统

数字管理系统在气候软件的支持下，可通过输入时间、纬度和经度确定实时的太阳照射角度；并利用感应器测量外部太阳辐射强度、内部光照水平和温度，以便根据这些数据调控跟踪太阳的变化轨迹，对太阳角度做出反映的主动性系统，这些主动性系统能对机动性光引导、光反射、光遮挡设备提供最佳的位置，自动调控窗帘、活动百叶窗、天窗等遮阳设备，改变和调整光传播来适应内部需要。德国波茨坦广场（图2-56）使用的便是导光管的技术。

3. 能源自给自足系统

今天的高技术建筑常采用光电反应、太阳能集热器、风能涡轮机以及联合供热、供能系统来发电，把能源的自给自足，甚至"零能耗"作为发展目标。

4. 通风控制系统

图2-56 德国波茨坦广场（资料来源：《时代建筑》2004-03。）

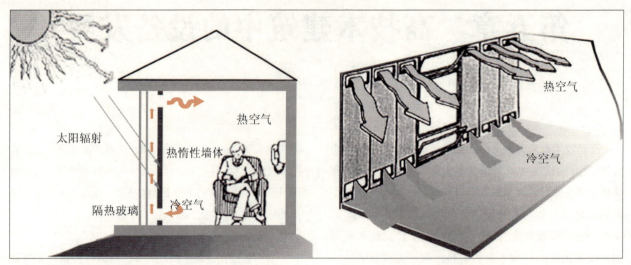

图2-57 Trombe墙（资料来源：《高技术生态建筑》天津大学出版社 2002。）

采取混合式的通风方式，数字管理系统在极端条件才使用机械通风设备。还可以通过建筑构造中的可移动构件，如可伸缩屋顶、通风外墙、主动窗户、气流风挡等来调节通风。

5. 双层立面

双层围护结构实质就是集合了遮阳、自然通风和保温隔热技术的"外墙"。Trombe墙（图2-57）可以看成这种双层系统的鼻祖。在托马斯·赫尔佐格的"建筑的多层幕墙"中，将双层皮分为三个系统：缓冲系统、空气交换系统和双层立面系统，这三个系统对于通风、采光和节能都有显著成效。

二、建筑设备的节能化倾向

能源的利用有两个基本的原则：首先要提高能源的效率，以尽可能少的能源使用以及尽可能小的环境破坏为使用者带来尽可能多的效用，也就是富勒的"少费多用"的可持续发展原则；其次要尽可能多地使用可再生的能源，这里的可再生能源主要指太阳能。建筑设备的节能化应是对能源原则的积极体现，也就是在规划、设计、施工、调试、运行、维修等诸多环节中，设备的发展应秉持：提高能源的利用率、开发使用可再生能源、实现设备系统的优化集成和高效运行四个方面。

1. 提高能源效率

仅针对设备而言提高能源的利用率，主要表现在科学的设计方案、合理地选用节能型设备、减少运行中的能源消耗。

在建筑物的总运行能耗中，空调系统占到30%~50%，现有的空调设备技术的节能途径包括空调机组的能效比、部分负荷下的综合能效比及合理采用可再生能源。从设计方案的选取上，低温辐射供暖与供冷技术（图2-58）作为暖通空调系统的新技术日益受到重视。从设备自身来说，针对空调机组的不同设备，提高各个设备的能效比出发来提高空调机组的能效比[①]：如，在2~50匹范围内，使用高效的涡轮压缩机；对于大型的水冷机组，采用离心压缩机（图2-59）；电机技术从三相电机到直流电机的进步提高了电机的效率等都是提高机组能效比的措施。从设备运行的角度来说，应重视空调机组的部分负荷能效比和冷水机组、单元式机组的综合能效系数。它们都对减少空调用电负荷有着积极的作用。另外针对设备的建筑电气的节能设计还有：节能型变压器的选取、电动机的节能等。

2. 可再生能源的使用

可再生能源的利用主要表现为太阳能的利用。狭义的太阳能主要指太阳辐射能。实际上太阳能分为两种：

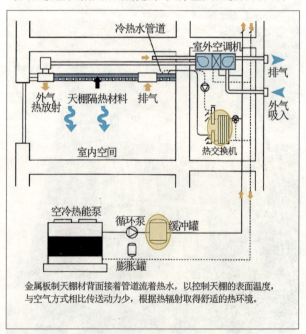

金属板制天棚材背面接着管道流着热水，以控制天棚的表面温度，与空气方式相比传送动力少，根据热辐射取得舒适的热环境。

图2-58 顶棚辐射冷暖热系统（资料来源：作者自绘。）

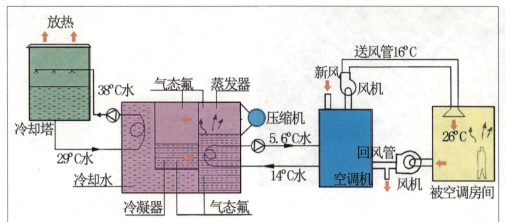

图2-59 离心式制冷机组工作原理（资料来源：作者自绘。）

一种为直接利用，即太阳的初级能源，如水的势能、风能、潮汐能、地热；另一种为以太阳为来源但要经过燃烧等过程进行转化的二级能源，如生物能，废木头燃烧，沼气等。

英国新一代高技术建筑师尼古拉斯·格雷姆肖在被称为"水教堂"的1992年塞维利亚博览会英国馆（图2-60）的设计中，采用了很多注重生态节能的设计策略，如在遮阳板上装有光电转换器，在强烈的阳光下产生电能用来驱动瀑布墙的水泵循环用水。容易蓄热过量的西墙被装满水的钢制水箱垒积而成，箱中装满的水将白天吸收的西晒太阳热（高容量热贮），在夜间释放出来，平衡高达20℃的昼夜温差。这些措施都使得这座看似非常耗能的既有水瀑布，又有钢和玻璃等轻结构材料的建筑的耗能量仅为一般其他同类建筑的1/4。

除对太阳辐射能的利用外，对于风能、地热的利用也日益加重。"未来系统"的伦敦ZED计划就是在建筑的两个部分之间安装风力发动机为建筑提供电能。2008年4月完工的巴林世贸中心更是风能建筑的力作，该建筑令人瞩目的是在50层、高240m的办公塔楼之间安装了3台水平轴发电风车，使得世贸中心（图2-61）成为世界上首座为自身持续提供可再生能源的摩天大楼。这三台发电风车每年约提供1200兆瓦时（120万度）的电力。即使如此，利用风能转换的电能也只占建筑整体所需能量的11%～15%。然而风力发电机放置在160m的两栋塔楼之间的设计，也属历史首创。

三、建筑设备的小型化、模块化倾向

建筑设备的小型化、模块化倾向是工业革命时期大型集约化设备系统向节能化转变的表现，这种从密集

图2-60 塞维利亚博览会英国馆（资料来源：《建筑技术新论》。）

图2-61 巴林世贸中心（资料来源：http://www.bahrainwtc.com。）

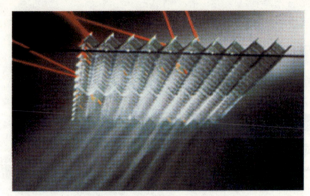

图2-62 日光栅格系统（资料来源：《托马斯·赫尔佐格 建筑+技术》。）

型技术装置到高效围护结构系统的转变，是设备与建筑一体化设计的前提。具体表现在：设备与围护结构的结合，设备与太阳能利用的结合、设备与遮阳设施的结合等。设备的小型化和模块化使设备脱离耗资巨大、浪费空间的尴尬处境，利于普遍推广，这是高技术建筑摆脱早期的高姿态转为关怀人关怀，环境的情感化表现。

如托马斯·赫尔佐格在很多项目中运用的"日光栅格系统"（图2-62）是设备小型化、模块化的成功案例。托马斯·赫尔佐格在位于林茨的博览会中心使用了一种新型的玻璃屋面。为了防止在夏季里吸收过多热量，又可以使大量的光线从北半球的天空射入以形成明亮的室内环境，同时又要避免眩光的产生，设计师在与巴腾巴赫光照实验室的合作下研发了一种新型的光栅。这是一种可以集成于玻璃框内的栅格，有16mm厚，由外覆铝膜的高反射率注模塑料格构组成，镶嵌于双层玻璃之间。它可以让光线间接地通过大量的小尺度开口进入建筑并形成微小的光柱，同时直射日光完全被过滤掉。铝制外衣及其特殊截面具有非常高的反射率（90%）。在该项目中，栅格的总传热量大约是42%，完工后被插入双层玻璃之间的总光线通过率大约是33%，估计在林茨中使用了22万个这种既坚固又能切割出两边为抛物线光滑面的配件。

第二节　高技术建筑与设备的一体化

"一体化"是试图充分利用建筑物的每一个部分。而不使用独立系统，如巴克敏斯特·富勒所主张的是"以少胜多"的方法。尽管一体化方法能提高效率，减少费用，但设计和建造这样的建筑要比普通建筑更复杂、更困难。它比现今常用的独立系统需要更多的各方面的建筑专业人员的合作。高技术建筑与设备的这种一体化在工业时代、后工业时代、信息时代这数十年的发展中经历了几个不同的阶段，在设计理念、表达方式、美学观等层面都不尽相同。

一、体现技术美学的造型一体化

在高技术建筑中，服务性设施成为造型设计的主要方面，这是高技术建筑师极端重视技术先进性逻辑的结果，一些建筑师认为设计开始于服务性设施而非结构，各种服务性设施和管道作为表现因素被不加装饰地暴露在外，体现了高技术建筑的技术乐观主义与自信。于是早期的高技术建筑作品更多的是对机械美学的极端表现，把机械设备作为建筑物的一个组成部分并显露出来，特别是用更加装饰化和色彩丰富的形式代替单调外形的现代建筑。暴露在外的机械设备增加了建筑物的多样性和复杂性。

在蓬皮杜文化与艺术中心（图2-63）、亚琛工业大学医学系、加利福尼亚大学分子科学大楼等作品中，都能看到对设备管道的裸露或涂以工业用色彩以显示内部技术构成的建筑与设备的一体化设计。蓬皮杜艺术与文化中心几乎全部结构都暴露在建筑的外观上，并在它的沿街立面不加遮挡地安置了许多设备管道，红色的是交通设备、蓝色的是空调管道、绿色的是给水管道、黄色的是电气设备，五颜六色、琳琅满目。它一改文化建筑的艺术性和纪

图2-63 蓬皮杜文化与艺术中心（资料来源：陈萧摄。）

图2-64 伦敦四频道电视台（资料来源：《Architecture Today》。）

图2-65 慕尼黑住宅（资料来源：《建筑创作》2004.01。）

念性，使人们惊奇之余难免惶恐不安，皮亚诺、罗杰斯解释道："这座建筑是一个图解，人们能立即了解它。把它的内脏放在外面，就能看见而且明白人在那个特定的自动扶梯里是怎样运动的"。

二、体现效率、灵活的空间一体化

1. "目的空间"与"设备空间"

20世纪以来，电梯、自动扶梯、人工照明、水处理、人工通风、空调等新技术的不断涌现对建筑产生巨大影响。设备技术的革命，对建筑的影响由空间造型形态转为功能组织，建筑不再受自然环境的限制，交通、朝向采光、通风、温湿度调节等都可由人工来处理，建筑的功能

组织关系发生了重大变化。建筑的空间构成模式也与传统的"功能空间"不同，被划分为"目的空间"和"设备空间"两大部分。从高技术建筑中的公共与私密空间、目的与设备空间、主导与辅助空间的划分可看到路易斯·康的"服务空间"与"被服务空间"的影响。

罗杰斯为伦敦四频道电视台（图2-64）设计的总部和集合住宅建筑中，将建筑中的一些附属设备设置在建筑外部的做法便是受路易斯·康在建筑中强调的"使用空间与服务空间理论"启发而形成的，因为相对于建筑主体建筑使用的时间来说，各种附属设施使用的时间要短得多。因此，需要尽可能地将附属设备空间另外设置，以方便维修和更换。另外由于设备所发出的噪声，对建筑的主体结构和面貌的破坏等问题，也使得单独为各种设备另外配置空间的做法更具科学性。

2. 插入式舱体服务单元

高技术建筑还引入了插入式舱体服务单元的概念，它的机动性结合各种可能性：可拆卸的、可更新的和可批量生产的。建筑可能有50~100年甚至更长的寿命，但服务设备如空气处理器的寿命就短得多，从维护与更换的角度，可拆卸和可更新是一个可行的理由。从操作的观点出发，它能够使复杂的高度完善的建筑部件在生产线里制造，然后运到现场准确地组装起来，并且通过检验。这提供了三个重要的好处：一是加速了现场安装的进度，因为舱体的组装能够与建筑主要结构同时进行；二是加速了现场安装的进度，因为它是在干净、严格控制的工厂里，而不是在混乱和肮脏的建筑现场制作的；三是由于机械设备、管道工程和线路工程都是在地面生产线上安装的，因此可以被组装得更为紧密。这也是建筑工业化的一个方向，也许未来的建筑也能够像计算机一样，由即插即用的部件组成。插入式舱体从容纳设备发展到容纳服务性空间，如尼古拉斯·格雷姆肖设计的伊古斯工厂就把附属办公管理和监控用房以舱体的形式插入工厂的大空间中。

三、体现生态、智能的生命一体化

当代的高技术建筑已经不再完全依靠设备和先进的科技，而是转为对可持续性发展、新技术、节能等课题的研究。信息技术与生态技术设备的发展使得对高技术建筑的物理条件进行参数化设计和数字化精确调控成为可能。而且可以借助于数字、虚拟现实技术，在方案阶段便可以对整个建筑的能源消耗和生态效应有一个准确的估算。最大限度地减少不可再生能源的消耗和相对机械耗能。

1. 生态节能

赫尔佐格的慕尼黑住宅（图2-65）的外维护结构使

间。这样的处理还使原本斜向的来风改变方向,沿着塔间的中线吹拂。在垂直方向上,塔的造型依据空气动力学,随着塔楼向上逐渐变小,其导风板的作用也逐渐减少;而海面吹来的风却是随高度的增加而逐渐增加,两者的综合效果使3个涡轮机上受风的风速大致相等,尽量做到能量的平均分布,避免高处的涡轮机过早受损。

2. 智能化

诺曼·福斯特设计的德国杜依斯伯格科技园商务中心(图2-66),较为集中地体现了智能化与建筑的一体化。商务中心的平面为不寻常的椭圆锥形,这并非是追求新奇效果的一时"灵感",而是综合当地风向、日照,以及建筑的功能、流线等多种因素,运用计算机反复模拟测试后才选择的平面形式。商务中心的外围护结构为一套智能玻璃表皮系统,最外层为单层玻璃,中间层是一个与建筑同高的连续空腔,腔内设有计算机控制的百叶、风瓣等微调设备,内层则选用了具有高度绝缘性能的材料。智能系统的传感器集中在屋顶的一个小型气象站内,拥有温度计、速仪、热疲乏探测器等多种设备,共同向中心计算机提供数据。同时中心计算机还与当地气象台相连,综合分析传感器传来的数据和气象台

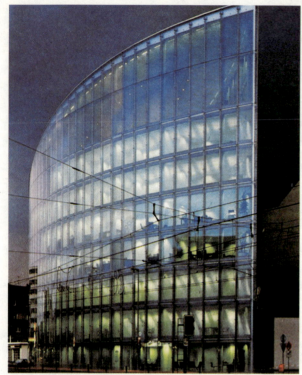

(a) 德国杜依斯伯格科技园商务中心

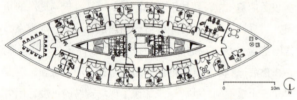

(b) 平面图

图2-66 德国杜依斯伯格科技园商务中心(资料来源:《建筑创作》2004.01。)

用的是单层强化安全玻璃,而内层则为双层隔热玻璃,在这两层玻璃之间装有白色纤维帘布,它可以提供遮阳,也可以遮挡视线。夏天热空气可以经由沿屋脊设置的通风口排出,冷空气可以从立面的下面补充进来,底层空间在夏天非常舒适。南向的大玻璃又为建筑提供了良好的采光。Fraunhofer协会的太阳能研究所在这栋建筑的斜屋面上安装了60m²的太阳能光电板,同时还尝试使用真空管式太阳能热水器,在中等日照条件下就可以获得很高的水温,这是第一次太阳能设备没有独立出现,而是整合到了建筑的双层外皮上,是建筑造型与设备高度一体化的表现。

在前文提高巴林世贸中心(图2-61)对于风能的利用,它不单是简单的设备附加,而是有效地将建筑造型与风能利用结合起来的一体化设计。英国阿特金斯公司借助空气动力学原理为弥补当地海风的不够强劲的缺点,使大楼的椭圆形截面得中间区域的空间陡然变窄,形成一个负压区域,将塔间的风速提高了约30%;而塔楼的风帆外形,起到导风板的作用,引导向陆地吹来的风通过两塔之

图2-67 罗尔夫·迪施"Heliotrop"(资料来源:《新建筑》2006-05。)

提供的未来天气情况，统一控制建筑内部的各个系统，其中包括建筑玻璃表皮上与采光、通风等有关的各种设施。当然，整套系统亦可根据使用者个人的偏好进行人工调节。虽然系统的一次性投资费用较高，但从长期的运营成本和对环境的综合影响来看，这套智能玻璃幕墙系统仍是相当经济的。

3. 生命化

建筑设备的生命化，来源于"生命建筑"的概念。生命建筑的概念是在1994年由来自15个国家的科学家在美国讨论时提出的。生命建筑是能感知环境条件，做出相应行动的建筑。它是一种模仿生命系统，同时具有感知和激励双重功能的材料，即能对外界环境变化因素产生感知，自动作出适时、灵敏和恰当的响应，并具有自我诊断、自我调节、自我修复和预报寿命等功能。高技术建筑设备的生命化便是类似于生命体的自觉应变系统，是基于数字技术和生态理念的智能系统的更高层次的表现。该设备系统具有的"大脑"，能自动调节和控制建筑物内的无数光纤维传感器，驱动执行器有条不紊地工作。并能在突发的建筑事故中，具有判断能力，或是由神经网络处理，或是送往远端的中央处理器处理。

德国建筑师罗尔夫·迪施设计的自宅及工作室名叫"Heliotrop"（图2-67），就是一座具有生命应变能力的建筑。它来自于希腊语"围绕着太阳旋转"，这个名字十分生动，因为该建筑以太阳为焦点可以绕中轴旋转360°。这座建筑就像向日葵一样，能通过自转追踪阳光，这样冬天可使起居室、卧室等主要用房朝南以获得尽量多的阳光；夏天外界气温高时，则可使主要用房背朝阳光；避免过多的热量进去室内。在住宅顶部还有一块约55m^2的双轴追踪式太阳能PV系统的发电集热板，亦可同住宅一起跟着太阳旋转，并且可在上下左右四个方向转动，使之与水平面的夹角可随着太阳高度角的变化而变化，以获得最多的太阳能发电。

注释：

1. 刘圣春，马一太.变频式房间空调器区域性季节能效比研究[J].制冷学报，2005.03.

小 节

　　技术作为推动建筑发展的原动力从材料技术、结构技术、设备技术、施工技术的生成发展，到数字技术、生态技术在建筑领域的广泛运用，再到数字技术、生态技术和建筑科学技术的高度分化、高度融合，技术发展的阶段性成果直接导致了高技术建筑演进的阶段性特征。高技术建筑作为建筑领域的事物，是人类面对当今和未来严峻的资源和环境问题的一种积极、理性的探索，具有重要的理论意义和实用价值，从建筑的空间、结构、功能到设备四大要素，都全面被现代技术所渗透。如今，传统建筑中技术与建筑的手段及目的的关系模式逐步瓦解，由空间所统摄的四大要素都全面统一在现代建筑之中。高技术建筑及其思想的本质从传统建筑的形式风格本质转变成为现代技术本质，从一定程度上甚至可以说高技术建筑已经成为技术本身。

第三篇

高技术建筑生态解析

在高技术建筑生态化的发展原因中,按影响程度区分,能源危机是最主要的主导因素,它的出现引发对于生态环境的思考并带动相关的科学研究,如可持续发展概念的出现、气候环境问题的研究以及生态仿生知识的研究等;其次是信息技术的发展,它的出现改变了人类对生活方式的理解,并加强了高技术建筑生态化的硬件设施;第三则是高技术建筑自身发展过程中的问题反思。从以上三点的动因解析里,对于高技术建筑生态化的发展倾向,可以归纳总结出四种发展模式和情况(表3-1)。

高技术建筑生态化发展研究 表3-1

原因	说明	模式
能源危机与可持续发展	能源问题直接引发的节能研究	高技术建筑生态化的节能表现
	由能源问题和可持续发展观等一系列对生态科学研究中,所延伸出的对有机科学和仿生学的研究	高技术建筑生态化的仿生表现
信息技术的发展	改变人类对社会需求的提升,并实现对物质及人的高效管理	高技术建筑生态化的智能表现
20世纪高技术建筑发展的反思	对高技术建筑发展过程中的争议进行反思并应对可持续发展概念衍生而出	高技术建筑生态化的地域表现

(资料来源:作者自绘。)

第一章 高技术建筑生态化的节能体现

第一节 高技术建筑的生态节能

一、高技术建筑生态节能的意义

节能是指加强对能源使用的控制,采取经济合理、技术可行以及环境和社会可以承受的措施,减少能源生产到消费各环节中的损失和浪费,更加有效、合理地利用能源。这既是《中华人民共和国节约能源法》对"节能"的法律规定,也是国际能源委员会的节能概念。[①]

而生态节能与节能是有所区别的,其目的性较一般节能更加全面,其对高技术建筑的建筑措施也更加复杂(表3-2),生态化是高技术建筑发展的必然趋势,高技术建筑生态化的节能表现则是一种直观的生态目标并满足当代的社会需求。

建筑节能与生态节能的比较 表3-2

	目的性	建筑措施
节能	能有效控制能源的利用率	低能耗外围护结构; 建筑设备系统优化
生态节能	在生态环境平衡下,控制能源的使用	结构优化技术; 环保再生材料的使用; 生态表皮节能技术; 再生能源技术的使用; 自然元素的节能运用

(资料来源:作者自绘。)

二、建筑能耗构成

在建筑设计中的能源概念包括两个方面：如何"有效地利用"能源以及以"何种方式利用"，能源的节约不仅意味着节省能源，更重要的是要在恰当的时候选择恰当的能源形式。在现代建筑中，通常采用电能，而电能的获取一般采用燃烧化石能源、核反应装置以及水力发电等形式获得。这一转化处理过程会有大量的碳氢化物挥发到大气中，污染整个大气环境，燃烧化石能源、核反应装置具有核辐射问题的潜在危险。而水力发电也很难说是廉洁能源，特别是大型水力发电开发引起的生态问题和移民问题也很多。尽管如此，在可再生能源还无法满足社会经济需要的这一期间，能源的有效利用仍十分重要，与此同时，太阳能、生物质能、风能、地热能以及潮汐能等能源形式的开发与利用也在蓬勃兴起，在合适时间与空间选择、合适的能源形式也成为建筑设计的基本任务之一。

了解建筑物能源消耗的组成，是选择使用能源形式并提高其效率的重要基础；在建筑材料、零部件和体系生产中，称为"潜在能源"；在建筑材料和零部件的装配和运输到建筑地点的过程中，称为"灰色能源"；在建筑物的建造过程中，称为"导出能源"；在建筑物的运转与其居住者的设施与装修中，称为"运行能源"，建筑物在其维护、改建与最终的解体过程中也会消耗能源。

1. 潜在能源

是指在建筑材料、零部件和体系生产中所消耗的能源，当考虑采取使潜在能源最小化的措施时，建筑师必须估计一系列问题。最好对建筑材料要选择能源使用少的材料。这些材料要么尽量使用其原始状态，比如石头、木材和土；要么是可重复利用的材料，比如碎砖块、混凝土、坚固的可再用的钢梁等；要么是其他处理过程中产生的废料，包括来自发电站那些研成粉末的燃料灰烬，以及芯片生产厂剩下的硅晶片。

2. 灰色能源

是指材料和零部件从采集与制造地点往建筑工地的运输过程中消耗的能源。如果生产与开采本地化，则消耗最低。在没有合适的本地资源的情况下，就要仔细评估运输距离和运送方式。通常情形，这种评估是相对简单直接的。

3. 导出能源

是指用于建造建筑本身的能源，与潜在能源及灰色能源相比，它的消耗不大，因此通常也没有被给予更多的重视。然而它却是一个建筑施工项目的整体管理与运作的重要环节，因而也要有效地操作，采用健康和安全的措施进行。在项目投标的时候，建筑师就应该确保施工者有一个全面的能源利用计划，这包括：避免浪费(当前有5%~10%的建筑原料都会被浪费)，节约用水和环保地处理废料，并且建筑师也要保证在整个建造过程中这一计划能够被顺利执行。

4. 运行能源

是一种能量形式，它需要研究人员、设计师和政策制定者多作考虑，是在建筑物运行期实际发生的能量消耗。这种消耗将持续到建成及可能拥有长达几百年的使用期，因为建筑的能源利用与当地的生态环境密切相关，所以采取的能源消耗最小化措施在各地区是不同的，但是基本要素还是倾向一致的。

从上述对四种能源消耗的构成，可归结出生态化节能是需要从建筑全方位的控制，在设计、建造以及使用都需要层层了解与控制。

第二节　高技术建筑中的生态节能措施

一、建筑结构与材料的选择和利用

1. 结构合理化、轻量化（建材减量）

结构合理化，是指在兼顾安全与美学的原则下，以最合理、最有效的结构系统来实现建筑物的"结构合理化设计"，借以减少建材用量，达到降低能源的消耗（潜在能源）、减少废气体排放量的目标，进而满足可持续发展的原则。根据一些施工工程统计资料显示，一般中高层钢筋混凝土主体结构所占的建材用量，约占总

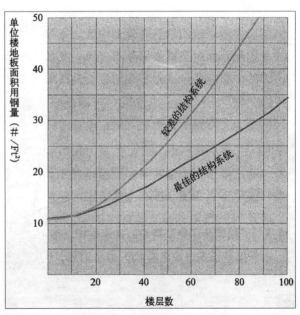

图3-1　高层建筑优劣结构系统与用钢量关系（资料来源：绿色建筑，中国建筑工业出版社，2007。）

建材用量的80%，所以通过结构系统设计来减少主体结构用材，可达到节约用材的目的。例如，根据Schueller W. 分析高层钢构造建筑与结构建材使用量的关系（图3-1）所示，显示不同结构系统的结构用钢量相差甚远，同时可发现优良的结构系统比较差的结构系统，在20层高建筑物可减少4%的钢用量，在60层高建筑物可减少30%的钢用量。即使在中低层的钢筋混凝土建筑物，不同结构系统对于钢筋与混凝土用量亦有相当差距。优良结构系统比不良结构系统，在相同安全系数条件下，最多可节约30%左右的钢筋用量与23%的混凝土用量。由此可见，合理的结构系统设计对建材减量（即能源消耗的减量）有着显著的功能[2]。

以美国芝加哥约翰·汉考克大厦为例（图3-2、图3-3），采用上小下宽的金字塔形结构，并以明显外露的斜撑结构将外力均匀吸收变成均布荷载，因而节省结构用钢料40.6%，相当于节省了1969年兴建当时币值1500万美元，此外露式斜撑结构在当时是被公认为最经济、最优美的抗震超高层建筑造型。最新的例子如获得美国

图3-3 （a）约翰汉考克大厦（b）斜撑结构（资料来源：http://photo.zhulong.com/proj/detail.asp?id=12144。）

绿色建筑委员会授予的LEED金奖资质认证的纽约赫斯特大厦，采用斜角网格结构，据估计节省了20%的钢材用量（约2000t）并且在增强刚度的同时减少结构重量，以及为建筑室内创造了40英尺（约12公尺）的无柱空间，使其空间的布局更具灵活性。（图3-4）

2. 使用环保节能及可再生的材料

1）钢构材料的推广

钢结构材料的轻量化、高强度、低污染性与高回收率，是被誉为环保结构最大的理由。其实钢材的使用早于混凝土的使用，只是在我国的发展较为缓慢，但近些年来，随着工业化的进步、房地产开发强度的提升和国内大型建筑活动的开展，钢材的推广利用进入了快速发展的时期，主要表现在轻钢材料和高强度、高性能的钢材使用上。

2）木造材料

除了钢构材料外，另外一种环保材料就是木构造建筑。相对于钢筋混凝土建筑的"黑色构造"，木构造建筑可储存大量CO_2，有益于缓和气候温暖化效应，同时是对水污染、建材耗能、温室气体排放、空气污染、固体废弃物等环境冲击最小的构造形式。推广木造材料应用，也许有人担心会招来森林破坏，但有计划的森林管理与消耗木材量，反而有助于森林光合作用。一般而言，老林木的光合作用比新林木差，天然林的光合作用比人工林差，因此有计划地砍伐成林木，并培育新林，可保持森林最高的新陈代谢，制造更多的氧气，吸收更多的CO_2，对减缓地球温暖化效应有莫大帮助。虽然天然林是生物多样化的宝库而需要特别保护，但是对许多已人工经营的森林，却必须以木造建筑市场来促进其可持续经营。例如，日本人工林之CO_2固定效果为天然林的6.8倍，而中国台湾地区人工林的CO_2固定效果也至少为天然林的4～5倍左右[3]。以德国汉诺威的世博会大屋

图3-2 美国约翰汉考克大厦（资料来源：www.4a98.com/vision/entironment/119108090316486.html。）

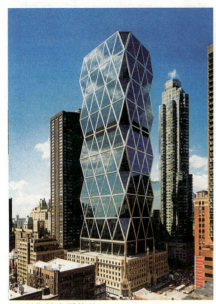 

(a) 赫斯特大厦外观　　　　　　(b) 室内大跨度入口空间

图3-4 赫斯特大厦（资料来源：建筑实录年鉴，中国建筑工业出版社，2006。）

外部气候的影响，使建筑内部的工作或居住环境更适合于使用者；而自从密斯等老一辈现代主义建筑师发展了玻璃幕墙以来，它一直是最为流行的一种外墙形式，在当代中国更是被视为"国际化"时代建筑的必备元素。然而，20世纪70年代能源危机后，人们逐渐认识到玻璃幕墙在能源消耗方面的严重缺陷；故此发展了不同的系统来提高玻璃墙的热性能。其中最常见的处理方法之一是在常用的玻璃窗上再增加若干玻璃层（片），发展出所谓的"双层表皮系统"，它们在近来的写字楼工程里得到了大范围采用。这样的系统事实上起源于20世纪70年代的德国，而当理查·罗杰斯在1986年落成的伦敦劳埃德大厦的设计里巧妙地使用了这一系统后，它就逐渐引起了广泛的注意和模仿；而在双层幕墙系统中的空气腔，更起到了气候调节缓冲的作用，也就是所谓的生物气候缓冲层。人们把起这种缓冲作用的生物气候缓冲层称作生态的形式因子。生物气候缓冲层是指在生态系统结构框架所提出的各个设计策略的制约下，通过建筑群体之间的组合关系，建筑实体的组织和建筑各种细部设计等的处理，在建筑与周围生态环境之间建立一个缓冲区域，既可在一定程度上防止各种极端气候条件变化对室内的影响，也可以强化使用者需要的各种微气候调节手段的效果。

顶为例(图3-5)，就是以银枞树干实木材料为主体结构，德国林业部门特别关注这个项目的采伐工程，此项目只砍伐高于50m的树木，以为新的植被留出空间。整体而言，我国还处于森林资源的保育期，但相信随着森林资源保育工作的快速增长，在符合林木产业和生态发展的要求下，更多的木材将会进入建筑领域。

3）保温材料

建筑的动态热反应可以减少能量消耗。热反应是建筑与周期变化的环境热量交换的能力尺度，它取决于结构部位和材料的导热能力及表面面积。这种导热能力可以平缓瞬时的温度波动，这种能力的增加可以平缓瞬时的冷热负荷，也会造成延长加热与冷却时间。

通过敷设保温材料减少建筑维护结构的热传递可以减少供暖负荷，以及减少供热能量的消耗，如目前常用多为聚苯乙烯保温板或称为挤塑板等。而对于内部得热较多，以及在较热的气候条件下，保温对能源利用的影响还要进行仔细的评价。因为建筑结构不能很快排热，那么就要更多地依靠通风系统，所以保温材料的使用应当根据当地气候与建筑类型来考虑，使其节能效果更为显著。

随着科学技术的发展、时代的进步，材料也在不断地推陈出新，但对于高技术建筑来说，在设计、建设过程中对材料、结构的重视及应用选择是实现生态节能的重要环节。

二、生态表皮节能

1. 双层玻璃幕墙系统

建筑存在的根本目的之一就是有效地抵御及缓解

图3-5 德国世博会大屋顶（资料来源：世界建筑，2007，6。）

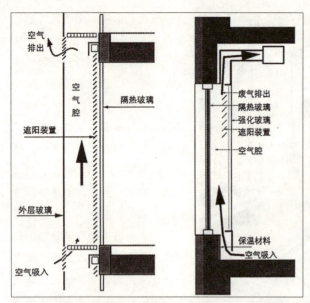

图3-6 双层玻璃幕墙系统构造（资料来源：高技术生态建筑，天津出版社，2002。）

（a）胡克办公楼　　　　　（b）胡克办公楼幕墙通风解析

图3-7 胡克化学公司办公楼（资料来源：智能建筑外层设计，大连理工出版社，2003。）

双层外墙系统有很好的热学性能。它能提供一种"空气流动的密封"，即它可以让空气流动进行通风，但同时又具有良好的热绝缘性能。其工作原理是空气腔里较低的气压把部分废气从房间抽出，并且吸收太阳辐射热后变暖、自然地上升，从而带走废气和太阳辐射热（图3-6）。和传统的窗户相较，虽然根据具体情况的不同，双层幕墙的效果会受到影响，但其大体能够减少10%～25%的能耗。双层幕墙系统的效能受到下列因素影响：自然通风及机械辅助通风的效率、玻璃种类及排列顺序、空气腔的尺寸和深度、遮阳装置的位置和面积等。这些因素的不同组合将提供不同的热、通风和采光效能，在空气腔中增加日光控制装置如百叶、光反射板热反射板等④，可以同时满足建筑自然通风、自然采光的要求。双层幕墙系统的优势是多重的。其中之一为它能将室内空气和玻璃墙内表面之间的温度差控制在最小范围内。这有助于改善靠近外墙的室内部分的舒适度，减少冬季取暖和夏季降温的能源成本。它的热绝缘性能比通常的双层窗要好得多，因为可以通风的空气腔能提供额外的绝缘保护。出于同样的原因，其隔声效果也比普通双层窗好。如果安装热交换器，幕墙系统还可以从废气里回收能量。

现在，这种系统已得到了越来越广泛的运用，如美国纽约的西方化学中心办公楼、中国的北京凯晨广场、德国的林茨设计中心、法兰克福商业银行大厦等（图3-7、图3-8）。双层外墙系统独有的特点是它使高层建筑的高层部分也可以进行自然通风，而不影响幕墙的正常隔热功能。但应用此技术系统的前提仍需从地理环境气候的影响进行选择，如在亚热带及热带气候双层幕墙系统就不适宜效果不显著，甚至往往适得其反。

2. 外遮阳节能

由于窗开口部的太阳辐射是造成空调耗能的主因，因此外遮阳与内遮阳显然是空调节能的重点。然而，遮阳虽有内外遮阳之别，但以外遮阳为重要。外遮阳除了能满足节能要求之外，更可防眩光以确保采光眺望的舒适性。有些人不喜欢建筑外遮阳，而希望以室内窗帘或室内百叶窗帘来遮挡烈日，但却事倍功半。一般而言，全面拉下的明色室内百叶窗帘仅可挡去正面入射阳光17%的日射热，而在亚热带南向遮蔽角45°的水平外遮阳板(1m窗高、1m遮阳深度)，全年就可轻易遮去68%的日射热，可见内遮阳的节能效果很小，而外遮阳的功效甚大⑤。

（a）凯晨广场外观　　　　　（b）凯晨广场幕墙局部

图3-8 凯晨广场（资料来源：The Architecture of Adrian Smith, SOM。）

图3-9 新加坡国家图书馆（资料来源：建筑实录年鉴，中国建筑工业出版社，2006。）

(a) 遮阳1　　　　　　　(b) 遮阳2

图3-10 新加坡国家图书馆室内与遮阳叶片的局部空间（资料来源：建筑实录年鉴，中国建筑工业出版社，2006。）

绿化植被等，从而使建筑既透明又环保；尤以建筑外遮阳构件的作用特别明显，一排排巨大如叶片、搁架般的构件突出体块之外，使这栋占地63万发ft²、高度却只有6层的矮胖建筑一扫重浊之感，隐现轻巧灵动的感觉[6]。

三、自然元素的节能运用

1. 自然通风节能

1) 风压自然通风

当风吹向建筑物时，空气的直线运动受到阻碍而围绕着建筑向上方及两侧偏转，迎风侧的气压就高于大气压力形成正压区，而背风侧的气压则降低形成负压区，使整个建筑产生了压力差。压力差的大小与建筑式、建筑与风的夹角以及周围建筑布局等因素相关。当风垂直吹向建筑正面时，迎风面的中心处正压最大，屋角及屋脊处负压最大。我们通常所说的"穿堂风"就是典型的风压通风。风压通风的典型实例为伦佐·皮亚诺设计的芝贝欧(Tjibaou)文化中心（图3-11、图3-12）。其位于澳大利亚东侧的南太平洋热带岛国，气候炎热潮湿，常年多风，为此通风降湿成为适应气候的核心技术。文化中心由10个"容器"(Cases)棚屋状单元组成，棚屋一字排开，形成"村落"[7]。贝壳状的棚屋背向夏季主导风向，在下风口产生强大的吸力(形成负压区)，在棚屋背面开口处形成正压区，从而使空气在建筑内部流动。针对不同风速和风向，设计者通过

许多人对外遮阳有美感不佳的成见，乃因为过去传统的钢筋混凝土制外遮阳确有施工不易、妨碍采光的缺点所致，但目前有许多采用多孔隙、百叶型的金属外遮阳，在美观与采光上已获得明显改善。事实上，外遮阳之美感完全存乎于设计者的用心与否，许多图案化、艺术化的外遮阳设计，反而会增加立面的层次感，也许有人认为轻巧的金属帷幕外墙不适于外遮阳设计，实际上现在已有许多外遮阳由穿孔钢板、格栅金属板、密金属网所做成，不但轻巧而且还兼具散射导光功能，这些规格化、轻量化的外遮阳已成为许多热带国家金属幕外墙的设计风格。以新加坡国家图书馆(图3-9、图3-10)为例，图书馆一般大致上有两种形态趋势：一种是硬盒式，另外一种是冰箱式，都为了保护书籍资料不受气温或者紫外线的伤害。然而负责此项目的建筑师杨经文却突破这两种的常态设计，探索了第三条设计思路：他采用自然通风、遮阳系统、日光照明以及露台和空中花园

图3-11 芝贝欧文化中心（资料来源：伦佐·皮亚诺建筑工作室作品集（第4册）机械工业出版社。）

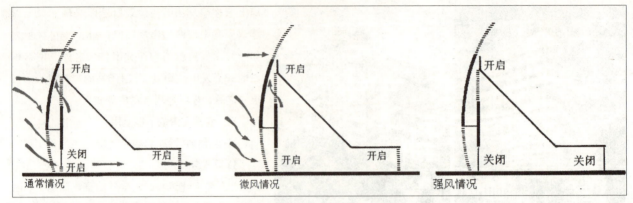

图3-12 芝贝欧文化中心通风分析（资料来源：伦佐·皮亚诺建筑工作室作品集（第4册）机械工业出版社。）

调节百叶的开合和不同方向上百叶的配合来控制室内气流，从而实现完全被动式的自然通风。

2）热压自然通风

热压通风即通常所说的烟囱效应，其原理为室内外温度不一，二者的空气密度存在差异，室内外的垂直压力梯度也相应有所不同。此时，若在开口下方再开一小口，则室外的空气就从此下方开口进入，而室内空气就从上方开口排出，从而形成"热压通风"。当室内外空气温差越大，则热压作用越强，在室内外温差形同和进气、排气口面积相同的情况下，如果上下开口之间的高差越大，热压越大。

热压通风经常需要借助于建筑物的中庭、阳光间和烟囱等装置的作用，采用被动式热压自然通风装置，利用太阳能形成被动式热压自然通风。由Hopkins Architects设计的英国新议会大厦是利用热压进行通风的案例（图3-13、图3-14）。设计者详细研究了热量在建筑内部和外部的流动、建筑外部空气流状态、使用者的舒适度等，采用计算机模拟流体动力学模型，在进行风洞试验后，最终将尽可能多的功能整合在尽可能简单的建筑元素中。大厦自然通风系统的重要组成部分是14个结构精巧的风塔，风塔包括两个部分：生成正压的捕风孔，将新鲜空气吸入室内；利用进风口的涡流形成负压排风口，将室内空气通过陡峭的坡屋顶上的排风管道集中到风塔中排出。风塔的设计不仅大大减少了室内排风扇的数量，而且也可以在一年的大部分时间中保证室内充足的自然通风，避免了机械通风的能耗。

2. 植被节能系统

1) 室内空中花园节能

室内环境是供人们生活、学习和工作的场所。随着人们生活水平的提高，居室装修的程度加大。经医学调查发现，90%的儿童患白血病是与室内装修有关的。大多数人一生有80%的时间在室内度过，室内环境对人的重要性是不言而喻的。室内绿化不仅可以改善室内微环境，节省空调设备能源损耗，还有装饰作用，并且在心理上、生理上也能一定程度地缓解长期室内工作带来的疲劳。下列为室内绿化功能优点[1]。

（1）固碳放氧。植物通过光合作用，吸收CO_2释放O_2。

（2）吸收有害气体，净化空气，有利于人体健康。美国科学家发现不少绿色植物不仅可吸收有害气体，而且还能分解有害气体，如菊花消除苯，绿萝、吊兰和芦荟等可显著消除甲醛。

（3）恒湿和降温，节省能源。植物一方面通过蒸腾作用吸收周围空气的热量，降低温度；另一方面可挡住直射的阳光，有效吸收辐射热，阻隔紫外线。

（4）滞尘和降噪。植物叶面多毛或粗糙以及所分泌的油脂性物质或黏液的存在，可吸附滞留尘埃，降低

图3-13 英国新议会大厦（资料来源：Hopkins2。）

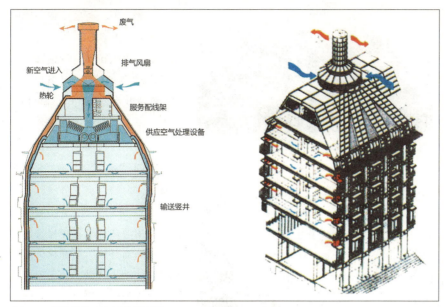

图3-14 英国新议会大厦热压通风（资料来源：华中建筑，2004.3。）

室内飘尘含量。同时枝叶繁茂的植物还能吸收噪声，改善室内声环境。

（5）杀菌保健，改善人体机能。室内绿化可减少黏膜系统、呼吸道和神经系统的发病率。植物释放的芳香物，除清除空气中的细菌病毒外，还能调节人的神经系统，有利于人类的健康。

（6）美化环境。绿化对室内环境的美化作用不言而喻，植物本身的美，包括它的色彩、形态质感和芳香，通过植物与室内环境恰当地组合有机地配置，形成美的环境。

以诺曼·福斯特事务所设计的法兰克福商业银行总部大厦（图3-15、图3-16）为例，结合建筑构造技术和先进的电脑控制技术，将植被生态体系"移植"到建筑内部，既可借助其自然景观价值"软化"建筑的硬技术味，在视觉上与周围环境取得和谐，达到共生，同时又能协同机械调控系统，使建筑内部拥有良好的室内气候条件和较强的生物气候调节能力，创造出田园般的舒适环境。法兰克福商业银行总部大厦成功地将自然景观引入超高层集中式办公建筑中，使城市高密度的生活方式与自然生态环境相融，被称为世界上第一座"生态型"超高层建筑[⑨]。福斯特设计了9个14m高的

花园，沿49层高的中央通风大厅盘旋而上，花园外侧面为电控调节开启程度的双层玻璃幕墙。花园面对大厅完全敞开，根据方位种植各种植物和花草。这样可以给建筑内的每一个办公空间都带来令人感到愉快和舒适的自然绿色景观，并获得自然通风，还可使阳光最大限度进入建筑内部。

2）屋顶绿化节能

随着人类社会的进步和城市化的发展，人们对生活环境的要求也越来越高。从景观角度看，屋顶作为建筑的第五立面，是城市建设与美化过程中，不可忽视的环节。屋顶绿化作为一种不占用地面土地的绿化形式，除了本节所应对的节能问题，其他的生态效应也非常广泛。下列为屋顶绿化功能的优点[⑩]。

（1）降水缓排及储水功能。城市建筑林立，提供给人们户外活动的开敞空间多为硬铺地，雨水无法被土壤所涵养、储存，必须急速地由下水道排放流走；而屋顶绿化具有降水缓排和涵养水土的功能。有资料表明落在绿化屋顶的雨水，仅10%~30%排出屋面（大雨），70%~90%存留在屋面上，节约水资源的同时在暴雨来临之际，能有效地缓解城市排水系统的压力，为城市安全提供保障。

图3-15 法兰克福商业银行大厦（资料来源：高技术生态建筑，天津出版社，2002。）

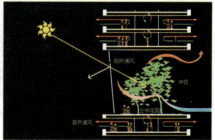
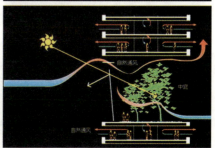

图3-16 法兰克福商业银行大厦室内分析（资料来源：智能建筑外层设计，大连理工出版社，2003。）

1995年建设完成到2001年6月之间的差异变化，不管是在形象上还是内部作用都有极大的反差。

图3-17 日本福冈的ACROS综合性大楼（资料来源：最新屋顶绿化设计、施工与管理实例，中国建筑工业出版社，2007。）

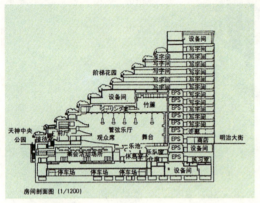

（a）剖面解析

（b）绿化结点

图3-18 日本福冈的ACROS综合性大楼剖面与屋顶绿化节点（资料来源：最新屋顶绿化设计、施工与管理实例，中国建筑工业出版社，2007。）

（2）保温效果。屋顶绿化可改善住宅的室内气温，绿化屋面的隔热节能效果明显，有利节能。据测算，有绿化的屋面温度可下降3～5℃，室内空调可节电20%，随覆土厚度增加，降温效果也增加。绿地生态效应的有效辐别距离是50m，而屋顶绿化多建在建筑密集的地域，因此利用住宅建筑屋面布置绿化不仅对城市小环境有保温效果，还可以像其他绿地一样，有效地缓解城市热岛效应。而这一点在不能增加绿地的建筑密集区尤为重要。

（3）增加空气湿度。绿色植物的蒸腾作用和土壤的蒸发使绿化屋面的水蒸气含量增加，致使绿化屋面空气绝对湿度增加。加上绿化后其温度有所降低，其相对湿度增加更明显。

（4）净化空气、降低噪声。植物通过光合作用吸收二氧化碳释放氧气，达到净化空气的目的。除此之外，有些植物还能吸收、分解NO_x、SO_2等有害气体和滞留灰尘微粒等。据估算，如果大城市1%的建筑物设置屋顶花园，则城市大气中CO_2和硫化物可减少一半。一个城市如果把屋顶都加以利用进行绿化，那么这个城市中的CO_2，较之没有绿化前要少85%。

（5）保护屋顶、延长建筑物屋面使用寿命。屋顶绿化使屋面和大气隔离开来，屋面内外表面的温度波动小，减小由于温度应力而产生裂缝的可能性；隔阻空气，使屋面不直接受太阳光的直射，延长各种密封材料的老化，增加屋面的使用寿命。

以日本福冈的ACROS综合性大楼为例(图3-17、图3-18、图3-19)，它是成功的以屋顶绿化技术作为高技术表现较为明显的例子；地上14层的高层大厦南侧外墙被设计成了阶梯状收进，平台上填入无机质人工轻质土壤，种了约3.5万株植物。这等大规模地使用人工轻质土壤还没有

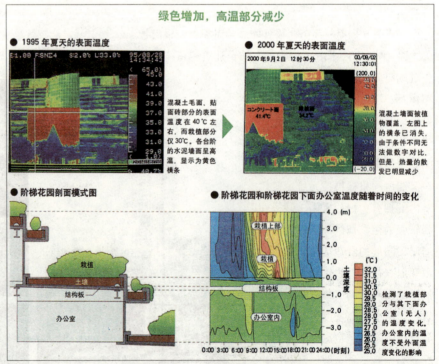

图3-19 ACROS综合大楼的屋顶植被的温度分析（资料来源：最新屋顶绿化设计、施工与管理实例，中国建筑工业出版社，2007。）

先例，而且一个地方看不到同样的树种，采用混种方法，到处分散栽植，作为屋顶花园这是一次珍贵的尝试。该设计的核心人物、日本设计的浅石优指出：迄今为止的建筑物通常都是在完成的那一刻颇具魅力，以后就逐渐悄无声息了。但是，这座建筑的魅力却随着时间的推移有增无减，在此之前还从未有人见过这种建筑，所以，得到认同还需要时间。越来越高的评价不仅限于视觉效果，经过科学调研之后其对都市"热岛现象"的缓解作用也已经得到确证[①]。

四、再生能源的应用

1. 太阳能应用

太阳光(太阳能)可用来发电，提供热水，以及为建筑物采暖、供冷和照明等，它能以多种形式存在于我们之间，而下列则是对目前常用的技术解析。

1) 光伏发电

是指光电系统(太阳能电池)能将太阳光直接转换成电力。太阳能电池或光电电池是由能吸收太阳光的半导体材料组成的。太阳能激发半导体材料中的电子逃逸原子核，使之定向运动，产生电流。光电电池通常组合成模块，每个模块包含40个电池单元。大约10个模块安装在一个光电电池阵列上。光电电池阵列能用以为单座建筑提供电力，也能大规模地组成太阳能发电厂。太阳能发电厂通过集中的太阳能系统，利用太阳热能生产电力。太阳光被收集起来并通过聚光镜产生高强度的热源，这种热源产生出蒸汽或机械动力以驱动发电机组发电(图3-20)。

目前，太阳能光电系统以多种形式得到应用，它们被安装于新老建筑的立面和屋顶。光电系统也可作为

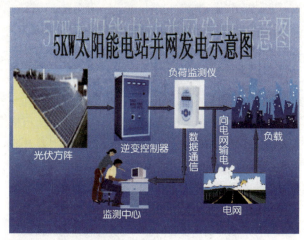

图3-20 光伏系统示意图（资料来源：上海生态建筑示范工程，中国建筑工业出版社，2005。）

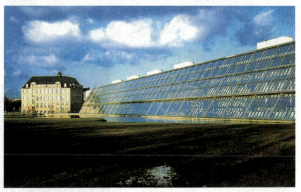

图3-21 德国科技园办公楼（资料来源：高技术生态建筑，天津出版社，2002。）

房屋立面建筑材料不可或缺的一部分。作为覆层材料的光电薄板，其主要特点基本上与有色玻璃相似。它能抵御气候的长期侵蚀；能根据需求特制成不同的尺寸、形状、式样和颜色；也能为室内提供部分采光。光电薄板可以作为简单的外围护结构层，也可以具有各种多功能用途，如冷、热立面，遮阳设施或建筑物外窗。以德国科技园办公楼为例，在屋顶上有巨大的太阳能光电板。据说面积为世界第一，平均每年能够产生200,000kW的电力。这套太阳能光电系统由欧洲议会资助。光电板朝南成行排列，阵列为123m×123m规模，产生的电力除建筑内部使用外，还并入国家电力网络供电[②]（图3-21，图3-22）

2) 太阳能集热器是一种吸收太阳辐射能并向工质传递热能的装置，主要作为建筑物热水系统或空调系统的关键部分，典型的太阳能集热器是平板型集热器（图3-23），它是一个薄而平的长方形装置，由透明层覆盖。集热器安装在屋顶，正对太阳直射方向。太阳直射加热集热器的吸收板，"吸收板"吸热后又加热"集热器"内的循环液体。将加热的循环液体输送到蓄水箱，该系统可以利用水泵或重力，因为当水加热时，有自然

图3-22 太阳能光电板屋面（资料来源：建筑与环境——生态气候学建筑设计，中国建筑工业出版，2005。）

循环的趋势㉓。如果循环液体不是水，则通过盘管换热器进行换热以此将水加热。所以对于许多大型的商业建筑，太阳能集热器不仅能提供热水，而且还能利用热水为建筑供暖。太阳能通风系统能在寒冷天气中用来预热进入建筑物的空气。

3) 真空管太阳能集热器（图3-23），它是在平板型基础上发展起来的新型太阳能集热器，构成这种集热器的核心部件是真空管，它主要由内部的吸热体和外层玻璃管组成。吸热体表面通过各种方式沉积着光谱选择性吸收涂层，由于吸热体与玻璃管之间的夹层保持真空高度，可有效地抑制真空管内空气的传导和对流热损失。并且由于选择吸收涂层具有较低的红外发射率可明显降低吸热板的辐射热损失㉔。以国内上海市生态节能办公示范楼为例（图3-24、图3-25），它在屋顶结架设了光伏电板和太阳能集热器(真空管型)。

2. 地热能应用

地热能利用主要是指利用地下热能进行发电或直接供热。地热能可以就地取材，是一种易为社会接受的具有可持续性和竞争力的环保能源。地热资源包括从潜层地热能到地表几英里以下的热水和热岩，以及更深层的温度极高的熔岩(岩浆)。基本上在任何地方，潜层土壤或地表最上面的3m土壤常年温度一般恒定在10~16℃地源热泵系统能够利用这种可再生能源为建筑进行供热制冷。

土壤地热，应用热泵系统，该系统主要包括热泵机组，通风管道以及地下换热器。该地下换热器为铺设于建筑附近潜层土壤中的管道系统。在冬季，土壤作为热源，驱动热泵为建筑供暖，而在夏季，这个过程正好相反，土壤为热汇，吸收机组制冷循环的放热。当然，这部分排热也可以作为热水系统的热源。通过换热器直接利用地热能。德国的北德清算银行（图3-26）就是应用类似系统，将水导入混凝土楼板内，进行冷热交换，在夏季制冷冬季制热辐射至室内㉕。

地下水是另一种可能热源。地下水温度的年变化率很小，一般温度维持在8~15℃之间。但是，利用地下水为热源具有地域性限制，因为对地下水资源的污染及破坏越来越受到关注，许多地方已限制对地下水的开采利用或必须获得权威机构的许可。除了土壤和地下水以外，地表水，如海水、江河水、湖水等也适宜作为热泵热源。当然，这也需要得到主管部门的许可。尽管多数情况下会得到授权，因为过热的水温进行冷却对生态是有益的。如德国柏林议会大厦（图3-27、图3-28）应用地下蓄水层的冷热交换，降低设备使用量。

3. 生物质能应用

(a) 平板式　　　　　　　　(b) 真空管式

图3-23 太阳能集热器类型（资料来源：上海生态建筑示范工程，中国建筑工业出版社，2005。）

 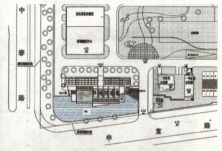

图3-24 上海生态节能办公示范楼（资料来源：可持续建筑设计实践，中国建筑工业出版社，2006。）

图3-25 上海生态节能办公楼屋顶的太阳能集热器的架设（资料来源：上海生态建筑示范工程，中国建筑工业出版社，2005。）

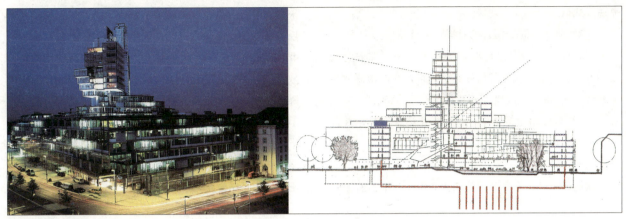

（a）北德清算银行　　　　　　　　　　　　　（b）地热系统的应用

图3-26 北德清算银行的热泵系统（资料来源：GREAT GLASS BUILDINGS。）

生物资源(有机物)可以用来提供热能、发电、制造燃料、化学品和其他产品等。木材，作为最广泛的生物能源，数千年来被用来供热。除此以外，还有很多各种各样的生物资源，如植物、农业或林业废弃物，生活垃圾和工业垃圾中的有机成分等。这些生物能如今都能用来发电，生产燃料及化学制品等。目前，广泛使用的木材和秸秆燃烧主要用于较大规模的供热，尤其是在丹麦和奥地利，而较小规模的应用则主要是热电联产机组。在未来，能源作物的种植将会为人类提供充足的生物能源，如速生林和草，这些被称为生物原料。生物能可以转换成各种不同的能源载体—电、工艺热源、区域热源、热电联产等(图3-29)。

图中，生物燃料燃烧后产生热量，一部分热能用来

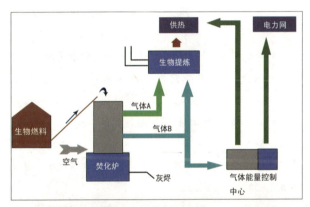

图3-29 生物能热电转换（资料来源：改绘。）

图3-27 德国柏林议会大厦（资料来源：诺曼.福斯特的作品思想，中国电力出版社，2002。）

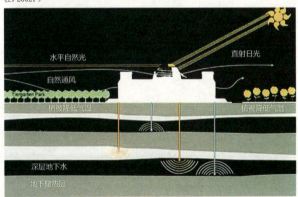

图3-28 德国柏林议会大厦地热能源的使用（资料来源：高技术生态建筑，天津出版社，2002。）

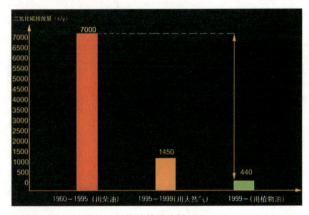

图3-30 能源种类与二氧化碳排放比较（资料来源：高技术生态建筑，天津出版社，2002。）

供热，另一部分则用来发电。现代化的生物能采暖系统主要有如下特点[①]。

（1）高效。与燃气锅炉相比，92％的能源转化为有用热能。

（2）高自动化。具有缓冲箱用来调节负荷，具有

睡眠模式以及自动点火功能。

（3）清洁。低SO_2及NOx排放以及轻微飞灰排放。

（4）环保。木材是可再生资源，而且树木能快速吸收CO_2。经济适用，是目前最经济的可再生能源来满足伦敦市长提出的现场利用可再生能源份额的10%。

（5）与城市生活结为一体。剪修树枝产生木头碎片，可用作燃料，商业和工业垃圾也可作为燃料，这些都能就地取材。

以德国柏林议会大厦改建工程为例图（图3-27），采用油菜籽与葵花籽中提炼的油作为燃料，这种燃料燃烧发电是相当高效、清洁，每年排放的CO_2量预计仅为44t，与20世纪60年代的国会大厦曾经安装使用的年排放量CO_2量高达7000t的矿物燃料的动力设备相比，大大降低了对环境的污染，提高了城市的空气环境质量（图3-30）[17]。此外，议会大厅遮阳和通风系统的动力来源于设置于屋顶结构上的太阳能发电装置，其最高发电功率高达40kW，太阳能发电设备和穹顶内可自动控制的遮阳系统相互结合。

注释:

1. 付祥钊著. 夏热冬冷地区建筑节能技术[M]. 中国建筑工业出版社,2002,10. 1.

2. 林宪德. 绿色建筑. 中国建筑工业出版社，2007. 172.

3. 林宪德. 绿色建筑. 中国建筑工业出版社, 2007. 186.

4. 李华东. 高技术生态建筑. 天津大学出版社.

5. 林宪德. 绿色建筑. 中国建筑工业出版社, 2007, 7.

6. Clifford A.Pearson 著. 徐迪彦译. 建筑实录年鉴. 2006, 3. 35–38.

7. 王战友. 自然通风技术在建筑中的应用探析. 建筑节能, 2007, 7 20–23.

8. 韩继红. 上海生态建筑示范工程. 中国建筑工业出版社, 2005, 10.

9. 邓浩. 生态高技建筑. 新建筑, 2000, 3. 17–20.

10. 韩继红. 上海生态建筑示范工程. 中国建筑工业出版社, 2005.

11. （日）NIKKEI ARCHITECTURE编. 胡连荣译. 最新屋顶绿化设计、施工与管理实例[M]. 中国建筑工业出版社, 2007.

12. （英）大卫·劳埃德·琼斯. 建筑与环境——生态气候学建筑设计[M]. 中国建筑工业出版, 2005.

13. 姚润明, 昆·斯蒂摩斯, 李百战著. 可持续城市与建筑设计. 中国建筑工业出版社, 2006.

14. 韩继红. 上海生态建筑示范工程. 中国建筑工业出版社, 2005. 100.

15. 纪雁, 斯泰里奥斯·普莱尼奥斯. 可持续建筑设计实践. 中国建筑工业出版社, 2006.

16. 姚润明, 昆·斯蒂摩斯, 李百战著. 可持续城市与建筑设计. 中国建筑工业出版社, 2006, 3.236–237.

17. 大师系列丛书编辑部著. 诺曼·福斯特的作品思想. 中国电力出版社, 2005.

第二章　高技术建筑生态化的智能体现

第一节　高技术建筑的生态智能

一、智能建筑的概念解析

建筑作为人类社会存在的物质基础，按功能而论是"人类与内外环境"的调节器，保护着人类免于受气候环境变化所带来危害，但建筑本体是一种被动的惰性体系，因此，引进了环境服务系统，从而克服静止建筑的不足，正是这部分服务系统，为智能建筑提供最大的合理性。目前对大多数人而言，智能建筑的概念（表3-3）意味着在建筑管理和使用方面，通过使用信息技术和控制系统，使建筑环境性能更为舒适，由此减少供热、照明、制冷、通风等能耗，有助于改善建筑室内环境条件，提高能源利用率，使更为接近生态化目标。

二、高技术建筑的智能化发展

1. 由单体向区域性发展

目前智能化的建筑已不再局限于智能办公楼、智能大厦的单体建筑，其范围在逐步扩大，由单体走向区域性的整体发展，如新加坡的"光纤智能花园"、日本的"空中城市"等，以及目前在许多城市公共服务系统，都是以智能技术的表现，实现城市高效、舒适、便民的目标。

2. 智能与绿色生态的合一，走可持续发展道路

"以人为本"注重节能、注重绿色环保技术的应用，以智能化推进绿色建筑，以绿色生态理念促进智能建筑，因此与生态技术的结合体现了智能建筑丰富的内涵表现。运用计算机、网络、自动控制和传感器等技术，对整个建筑和其周边环境进行控制与管理，为使用者提供健康、舒适、安全的居住、工作和活动的空间，同时高效率地利用资源，最低限度地降低对环境的影响，实现生态智能的合一，并达到"人、建筑、自然"三者和谐统一的目标。

21世纪，伴随着新兴的环保生态技术如生物电子学、生物气候学、新材料等多学科多技术的强烈渗透，欧美等发达国家近年在智能建筑设计中融合了生态理念。通过建筑、设备和智能化系统来提供节能、环保的生活空间，防治大气和水的污染、防治电磁污染等，突出高技术建筑的"智能"高效，节约资源，实现人类聚居环境的可持续发展，"既满足当代人的需要，又不损害后代人满足需求的能力"。

智能与绿色生态合二为一，以智能化建筑管理系统、设备技术以及外维护结构来达到高技术建筑的生态目标，体现了人类对现代生存环境在安全舒适、节约能源、减少污染方面的追求。从长远来看，既是满足以人为本，解决建筑、城市可持续发展的需要，也丰富拓展了建筑的发展。

第二节　高技术建筑生态智能技术

一、智能化建筑管理系统

对智能建筑来说，智能建筑管理系统是环境控制系统的神经中枢，建筑智能化系统是其最突出的体现和代表。它是个中央处理单元(图3-31)，接收来自各部分传感器的信息，并决定驱动部分做何种控制方式反应。一个智能建筑管理系统能够监测天气变化，控制并监测主

智能建筑定义比较　　　　　　　　　　　　　　　　　　表3-3

	中国	美国	欧洲
智能建筑定义	先进技术对楼房进行控制、通信及管理，强调楼房三个方面的自动化，即建筑物的自动化BA,通信与网络系统自动CA,办公网络系统自动化OA	通过优化其结构、系统、服务、管理四个基本要素及其相互关系提供一个多产和成本低廉的环境	创造一种可以使使用者有最大效率环境的建筑同时，该建筑可以使之有效的管理资源，而在硬件和设备方面的寿命成本最小

（资料来源：作者自绘。）

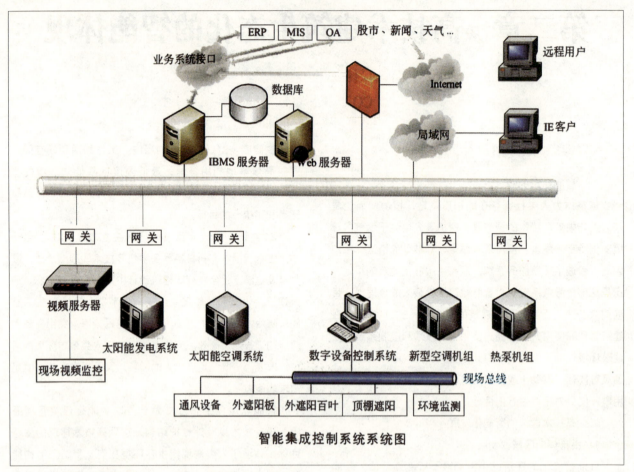

图3-31 智能系统结构（资料来源：上海生态建筑示范工程，中国建筑工业出版社，2005。）

动和被动环境系统的运作情况，从而保证能源使用率的最高。它的最重要的功能之一是调节温度，它通过驱动建筑中所有的控制构件来自动达到目的。美国智能建筑学会对智能建筑是这样定义的（表3-4）：这样一种建筑通过建筑的四个基本要素——结构、系统、服务和管理——进行最优化的考虑。从而提供一个效率更高与性价比更好的工作环境[①]。

以德国"城门"高层办公建筑为例，其建筑控制系统控制着中庭出气门、通风片、百叶窗、日光灯、机械通风、供暖制冷设备、防火和安全系统。建筑内安装了许多传感器用来感应风速、风向、外界温度、空腔部分温度、外界湿度、外界日照和光线水平处的光电管，通风箱根据不同办公楼层间的压力差异受到控制。压力差异限制在50Pa之内，以便门不难打开。建筑外立面与中庭里的空气管与位于十五层楼的特殊检测设备相连。建筑各面的压力差额都被测得，继而调节建筑的通风片（图3-32、图3-33）。

德国Gartner设计办公楼，其建筑智能管理系统负责对外侧百叶窗、顶灯上方的铝制百叶窗以及顶层保护通风窗系统进行控制。系统从光线传感器获得数据（阳光角度和强度），并根据需要，使外侧百叶窗调节为透光模式、光线引导模式或遮阳模式。电脑可以计算出阳光的角度，并检测出建筑的玻璃表面是否能够受到太阳的

图3-32 德国城门办公楼（资料来源：智能建筑外层设计，大连理工出版社，2003。）

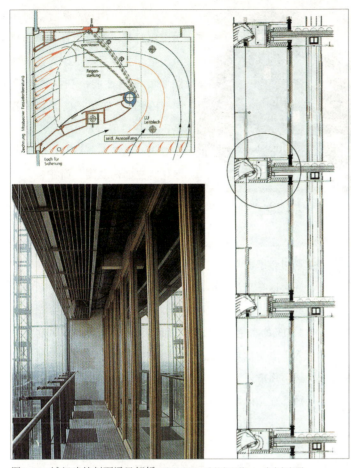

图3-34 Gartner设计办公楼（资料来源：智能建筑外层设计，大连理工出版社，2003。）

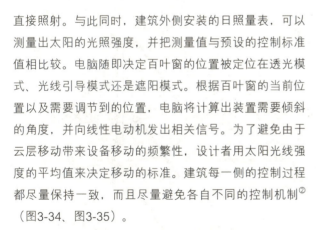

图3-33 城门建筑剖面通风解析（资料来源：建筑与环境——生态气候学建筑设计，中国建筑工业出版，2005。）

图3-35 自动控制的遮阳百叶（资料来源：智能建筑外层设计，大连理工出版社，2003。）

直接照射。与此同时，建筑外侧安装的日照量表，可以测量出太阳的光照强度，并把测量值与预设的控制标准值相比较。电脑随即决定百叶窗的位置被定位在透光模式、光线引导模式还是遮阳模式。根据百叶窗的当前位置以及需要调节到的位置，电脑将计算出装置需要倾斜的角度，并向线性电动机发出相关信号。为了避免由于云层移动带来设备移动的频繁性，设计者用太阳光线强度的平均值来决定移动的标准。建筑每一侧的控制过程都尽量保持一致，而且尽量避免各自不同的控制机制[2]（图3-34、图3-35）。

瑞士SUVA保险公司办公楼，位于地下室的建筑智能管理系统管理着整个建筑，包括窗户的自动开关、照明系统、安全系统以及其他装置。屋顶的天气观测装置可以为电脑系统提供实时的阳光漫射、直射数据，以及风速、风向和室外温度的数据。三个主要立面上的传感器可以提供墙面的温度，电脑可以根据建筑所处城市的经度和纬度计算出太阳的方位角和仰角，并记录下日期和具体的时间。两台线性驱动电动机负责控制每扇窗户，而它们又受到电脑的控制和检测，一方面保证互相工作的同步性，另一方面可以通过内置电压计来辨别立面的位置。当预设的温度临界值被打破，而挡板又被自动关闭时，电脑自身也可以感知，并将结果显示在控制台上。如果发生大风、冰雹或雨雪天气，所有的挡板将自动关闭。（图3-36、图3-37、图3-38）

二、智能化建筑设备技术

1. 反应性人工照明

在满足有效日照策略的要求中，反应性人工照明系统能对充分的自然日照水平产生反应，从而使自己停止工作或降低自身工作量。国外许多实例采用表层区域外的自动照明控制，该控制与建筑外围护结构的整体运作目的有关。智能照明系统由居住感应器驱动，并能够对感应到的内部光照水平产生反应，从而对自身工作量进行调整(0%~100%)。

2. 日照控制器

用于控制和调节太阳能这一可再生能源的智能建筑中。计算机系统通过输入时间、纬度和经度，确定实时太阳角度。这些计算可用于跟踪太阳每年、每日的变化轨迹，电脑控制的窗帘、天窗及其他保护性遮阳设备，

改造前后的对比

图3-36 SUVA保险公司办公楼（资料来源：通风双层幕墙办公建筑，中国电力出版社有限公司，2006。）

本质上都是能量吸收设备，可根据发现的太阳位置变化降低、升高或翘起活动百叶窗。这些设备常被放入到双层表皮的空腔层中用于保护，并把热隔在居住区域之外，还起到太阳能暖气管的作用。

3.发电设备

建筑物用光电反应、风能涡轮机以及联合供热、供能系统来发电。美国已制定了1997~2010年百万光电屋顶、幕墙计划；德国于1999年开始10万光电屋顶、幕墙计划，6~8年完成，总容量为500MW；日本在1997年就已经建立了1600个光电屋顶，容量为37MW。在欧洲，一些新型的太阳能光伏发电设施，可以结合到玻璃构造之中，并具有很好的遮阳性能，用这种产品建造的玻璃顶棚具有很好的透明性和遮阳效果，可以发电并网但不影响建筑外观形象。

4.风控制设备

通过建筑构造中的可操作构件，如可伸缩屋顶、机动窗户、气流风挡等，通风情况能够自动调节，可增大其功效，也可让居住者来控制。在不适宜的天气条件下，比如狂风暴雨，这些移动部件可自动关闭。智能控制系统帮助克服一些自然通风中会出现的问题，比如空气污染、噪声污染。智能控制系统用于决定什么时候启动机械通风设备，因此使自然通风最大化，使能源消耗最小化。以居住者为导向的照明理念也用于通风设备中，只有居住者出现时，此处的风扇装置才会启动。

5.取暖和温度控制设备

通过使用被动性太阳能装置或更高级的自动追踪太阳的设备来用于空间采暖或热水供应系统的水加热。

6.降温设备

利用地热交换设备、井水及地下水降温，利用了电脑控制的夜间通风，对热部位提前降温。

再以瑞士SUVA保险公司作为案例解析，这个项目是个旧建筑改造，主要目的是改善建筑的照明和取暖性能，在其原有表面100mm处安装了硅质玻璃幕墙，并在每层分成3层可控窗，在夏天，将最下层打开以便降低原建筑立面的温度，而在冬天窗户都将其关闭，这样就在两层立面间形成了一个热量缓冲区；而在人工照明上是采用电脑控制的Zumtobel照明系统，通过传感器来决定是否需要打开电灯照明，通电脑系统还可以在工作日结束时，启动遮阳装置关掉室内照明。经计算，如果外部窗户合适的话，室内照明将会提高到130%的水平[③]。在通风方面，新鲜空气从建筑的底层进入，废空气从屋顶排出，这样的机械循环提供了最小通风，用户还可以自行打开建筑原有的内层窗户来进行通风。在室内墙上，都装有控制外层窗户的开关。如果外层挡板关闭的话，内层窗户可以全部打开，以便于在各层内部进行通风。而在原建筑顶部设置了75m²的光电管，可以提供峰值为10.2kW的电量，这些电量可以为蓄电池充电，以保证不间断的电力提供以及支持突然停电

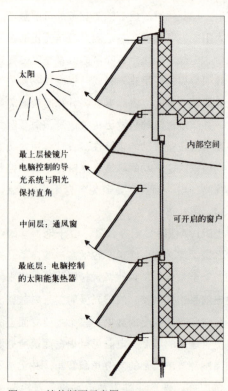

图3-37 墙体断面示意图（资料来源：通风双层幕墙办公建筑，中国电力出版社有限公司，2006。）

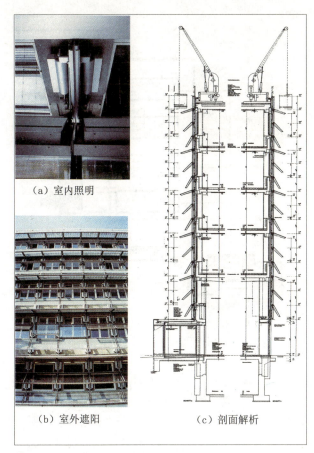

图3-38 建筑断面与局部放大（资料来源：智能建筑外层设计，大连理工出版社，2003。）

测到的光线强弱，最大限度的利用室外光线，自动将室内的光线调整到适宜的亮度；为了满足应急之需，利用每个房间的控制面板可以人为设置该区域的总开、总关，并能够对最多3组(排)灯光的强弱进行调节；大于8m×8m面积的办公区，将增设光线传感器和红外移动传感器，使之做到分区独立自动控制；人员离开时，灯光自动关闭。另外，大楼还安装了紧急求助按钮——声光报警、消防报警联动系统等。对通风系统、热电联供CHP和吸收制冷机、压缩制冷机的转换控制系统（图3-40）、遮阳系统BMS均进行设定。这套中央控制系统将具有高水平的、多目标的控制策略，基于PC技术的操作界面实现人与控制系统间的及时交互，提高能源利用率，保证建筑物的能源消耗始终保持在合理的范围内。

三、智能外围护结构

智能外围护结构的概念：为降低建筑对能源的需求，建筑结构不是传统的惰性表现仅仅能够通过人工进行变化，而是自身能够动态地变化，是自动地、机械地，甚至更本能地自主调节。

具体地说，智能外围护结构仍是建筑系统的一部分，协调建筑与环境之间的关系，但它与其他建筑部分相连。这些部分包括由控制线路连接而成的传感器和激活器，而所有这一切都是由中央建筑管理系统"大脑"所控制的，是为以最低能耗取得最高效率。因此如果建筑是进化过程的动物，则幸存下来的物种定是那些以最少的努力、最低的能耗，来维持生命而生活在地球环境的物种。在进化过程中存活下来的动物适应性很强，

时的照明系统（图3-36～图3-38）。

国内以清华大学环境能源楼(SIEEB)为例（图3-39），它是一座智能化、生态环保和能源高效型的新型办公楼。SIEEB采用了一套BMS(Building Manage System)系统来管理整栋建筑，系统不仅能够对楼宇冷热电联进行转换控制(BCHP, Building Cooling, Heating and Power)、变配电、送排风、给水排水、建筑物室内外照明，还能够对室内温湿度、CO_2浓度、照度、人员情况进行探测和监控。如室内灯光控制系统EIB(Electrical Installation Bus)，凡是有室外窗的房间，均设计有照度传感器、红外移动传感器(人员感应器)，同时每个门口加装一个控制面板。能够做到：有人进屋，灯光自动打开，并且按照照度传感器

图3-39 清华大学环境能源楼（资料来源：冯旭拍摄。）

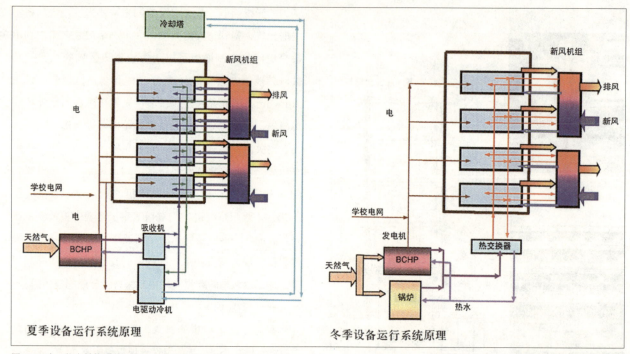

图3-40 冷、热电转换系统（资料来源：建筑学报 2008，2。）

它们不断自我完善，把新陈代谢中所需能量降到最低程度，因此，生态智能建筑本身符合社会发展潮流，"是可持续发展的"。下列是常见的智能维护结构的形式。

1. 智能的双层表皮

图3-41 上海久事大厦（资料来源：安晓晓拍摄。）

"双层"是大多数可持续发展智能建筑中都采用的表皮节能技术，双层表皮系统包括一个增加的第二层玻璃立面，它能为日照最大化和提高能源技术提供可能(图3-6～图3-8)。而运用智能系统控制机理用来自动调节进入室内的空气或阻止空气的进入，形成一个热量缓冲区，这大大提高了双层表皮作用和效率。以国内的上海久事大厦为例（图3-41），是著名建筑师福斯特在中国内地的第一个作品，大厦的幕墙体系为典型的"动态幕墙"应用于中国的较早实例：由外部的透明双层钢化中空玻璃、内部的透明单层钢化玻璃、中间层空腔和位于空腔的穿孔遮阳百叶组成，既可吸收热量、控制眩光，又可通过BA控制系统调节百叶的角度遮蔽日光。

2. 外立面智能遮阳

外立面遮阳分为内置式活动遮阳和建筑外遮阳。建筑外遮阳也有固定和活动之分。一般生态的智能建筑的遮阳构件都是能够由智能化系统控制的。可以根据室内外空气温度的变化，太阳方位角、高度角的变化进行自动控制。如英国建筑研究所环境楼（图3-42、图3-43），它的南面有一个外部钢支架和可转动玻璃百叶窗帘控制阳光进入，窗帘可以切断所有直射到内部的太阳光，但也能允许一定程度的扩散型光线进入，当天暗下来时，窗帘就变成水平的，变成了光格，使阳光反射进入提高室内亮度，半透明玻璃百叶窗帘（有40%的光可通过）厚400mm，并含有10mm的透光平玻璃，其建

图3-42 英国建筑研究所环境楼（资料来源：高技术生态建筑，天津出版社，2002。）

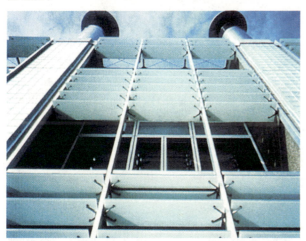

（a）开启

（b）封闭

图3-43 可旋转的玻璃百叶（资料来源：建筑与环境——生态气候学建筑设计，中国建筑工业出版，2005。）

（a）外部遮阳

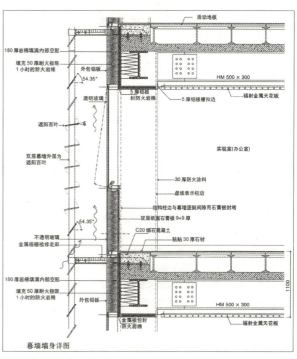

（b）遮阳断面

图3-44 清华大学环境能源楼遮阳百叶（资料来源：冯旭拍摄，建筑学报，2008，2。）

筑管理系统每15分钟就自动调结窗帘角度。还有如前述，国内清华大学环境能源楼（图3-39），其南向凹空间的东西北三侧设计了一种双层幕墙（图3-44）。外侧幕墙由玻璃百叶构成，其中部分玻璃百叶可被计算机控制旋转角度，反射阳光至室内顶棚，形成均匀的室内自然采光效果，并减少人工照明的能耗。每层上部的两个遮阳百叶能够通过旋转一定角度保证反射光线可最大限度地到达室内。玻璃遮阳百叶是由经过热工处理、两面都贴有1.52mm厚PVB的材料和厚度是8mm+8mm的玻璃构成。

注释:

1. 刘宏. 智能建筑中可持续性技术的设计与应用. 西安建筑科技大学硕士论文.

2. 迈克尔·威金顿,祖德.哈里斯 高昊,王琳译《智能建筑外层设计》 大连理工出版社 2003,8:151.

3. 迈克尔·威金顿,祖德.哈里斯. 高昊. 王琳译. 智能建筑外层设计. 大连理工出版社,2003,8:136–137.

第三章 高技术建筑生态化的生态仿生应用

第一节 建筑仿生化的发展和解析

一、仿生的概念

自古以来，自然界就是人类各种技术思想、工程原理及重大发明的源泉。进化论认为，经过千百万年的进化，生物体完善了自身各部分的结构和功能，从而适应它们的生长条件和自然对它们的侵蚀。"自然的结构"就是能最好地满足功能和最佳地适应其存在的环境。鱼儿在水中有自由来去的本领，人们就模仿鱼类的形体造船，以木桨仿鳍。相传早在大禹时期，我国古代劳动人民观察鱼在水中用尾巴的摇摆而游动、转弯，他们就在船尾上架置木桨。通过反复地观察、模仿和实践，逐渐改成橹和舵，增加了船的动力，掌握了使船转弯的手段。这样，即使在波涛滚滚的江河中，人们也能让船只航行自如。鲁班在野外被一种草割破了手指，他就仿照草叶的锯齿形边缘发明了锯，广泛地应用于房屋建造中。这些都是人类在远古时期对仿生学自觉的运用[1]。

随着生产的需要和科学技术的发展，自20世纪50年代以来，人们已经认识到生物系统是开辟新技术的主要途径之一，自觉地把生物界作为各种技术思想、设计原理和创造发明的源泉。人们用化学、物理学、数学以及技术模型对生物系统开展深入的研究，促进了生物学的极大发展，对生物体内功能机理的研究也取得了迅速的进展。所以仿生学就是"模仿生物原理来建造技术系统，或者使人造技术系统具有或类似于生物特征的科学"。简单来说仿生学就是模仿生物的科学。确切地说，仿生学是研究生物系统的结构、特质、功能、能量转换、信息控制等各种优异的特征，并把它们应用到技术系统，改善已有的技术工程设备，并创造出新的工艺过程、建筑构型、自动化装置等技术系统的综合性科学。

二、建筑仿生化的历程

自然界是一完整统一的有机整体，自然界中的一切物质在生存和进化中是统一的，他们保持了自己的特性和依赖性；为获得生存、成长、繁衍、发展，他们热望在系统中得到平衡、相互支持和相互需要而编织在一起[2]。自然界中没有一个有机体能单独存在，当然这也包括人类。

人类建造的人工环境从古代的巢居穴居到各类建筑的出现，无不留下了模仿自然的痕迹。但是，随着工业化的高速发展，使人类的文明发生了异化，反过来破坏了自己的生存环境，也使自己的创作囿因于僵化的机器制品，束缚了创造性。反观大自然，人类在建筑技术上所遇到的许多难题，自然界中早已有了类似的解答。因为生物在千万年进化的过程中，为了适应自然界的规律需要不断地完善自身的性能与组织，它需要获得高效低耗、自觉应变、新陈代谢、肌体完整的保障系统，从而生物才能得以生存与繁衍。只有这样，自然界才能成为一个整体，才能保持生物链的平衡与延续[3]。

建筑作为人与自然界的中介，作为改善人体的物理气候的"皮肤"，一方面应适应人的需求，另一方面当然应与自然环境有机地结合在一起，使人类之居所根植于自然。所以把建筑与人看作是一个统一的"生物体系"，在这个体系中，生物的和非生物的因素相互作用，以共同功能为目的而达到平衡。

然而工业革命以来，人类社会生产力得到巨大解放，人类文明在各方面都得到充分发展，特别是在数学、生物学、植物学和力学、物理学等领域知识体系的扩充和完善为建筑仿生化的发展提供了必要的科学依据和支撑。在19世纪与20世纪更易之际，威廉·莫里斯开创了英国的工艺美术运动。莫里斯的设计思想是"向自然学习"，他主持做出的工艺品大量采用从植物形象得来的素材。随后是新艺术运动，自然界中的构成原理被应用到新的建筑形式中从而形成了"风格化"的新艺术特征。正如西班牙建筑师安托尼奥·高迪所阐明的那样，从20世纪50年代初起，建筑师和工程师就对生物的构成不断产生兴趣，他们有系统地研究土壤环境及自然规律和原理。

随着世界的发展，生态的可持续发展理念以及信息技术的发展影响下，建筑的仿生化的模式更得以受到推广和研究，而高技术建筑的生态仿生化的发展更是直接融入仿生概念从多种方面达到生态目的，如结构形式的仿生、功能仿生以及材料组成仿生等综合取向。

第二节 高技术建筑生态仿生化的策略

一、结构仿生

1. 纤维结构仿生

绝大多数生物体的组成是由细胞、纤维共同所组成的，而在不同物种的个体名称也不一样，比如在植物体中被称为"纤维素"，在动物体中被称为"胶原体"，这些纤维结构都有着独特的受拉特性，也就是这种特性，人们创造了悬索结构、膜结构以及最近的新话题像细胞群体组合的充气结构（气泡结构）。

1）悬索、膜结构

在动物界中，有些生物将纤维体的受拉特征用于建造

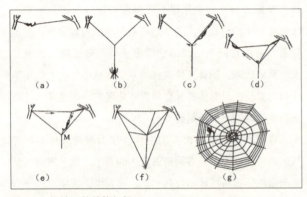

图3-45 蜘蛛网的结构组织（资料来源：建筑创作构思解析-生态.仿生，中国计划出版社，2004。）

"房屋"。蜘蛛就是其中典型的例子。蜘蛛织网的方式很特别，它把网用辐分成若干等份的扇形，辐排得很均匀，每对相邻的辐所交成的角都相等，在同一个扇形里，所有的弦都互相平行，并且越靠近中心，这种弦之间的距离就越远。每一根弦和支持它的两根辐交成四个角，一边的两个是钝角，另一边的两个是锐角。而同一扇形中的弦和辐所交成的钝角和锐角正好各自相等（图3-45）。蜘蛛通过它独特的织网方式将纤维结构的受拉特征充分发挥，使整个网呈现巨大的张力。

人们将蜘蛛网的建造原理运用到建筑结构设计中，创造出悬索、膜结构，这两种结构用料最省而造型新奇，非常惹人注意。但对这种结构，必须给它们加上一定量的预应力，形成一定的结构造型，使它们能承受风雪荷载，而不致因超应力而倒塌，或者由于应力不足而使形状飘忽不定。这种结构的主要材料多半是由纤维质篷布和高强钢索所构成的。它们非常轻，非常柔软，既不像梁、拱，也不像桁架，它们没有固结性，也没有刚度。因此它们只能在受拉状态下承受荷载，而且在任何时候都必须保持受拉状态，否则便会失稳[④]。

这两种结构多合用于体育场，如日本东京1964年奥运会主场馆——代代木体育馆用数根自然下垂的钢索牵引主体结构的各个部位从而悬拉起了这座面积达2万多m²的超大型建筑（图3-46）；以及在1968年的慕尼黑奥林匹克场馆工程的屋顶部分也是采用悬索、膜结构的合用，最后成型的运动场屋顶覆盖面积达74900m²，包括体育场西看台、体育馆、游泳馆和人行走廊区，使64000名观众免受日晒雨淋。帐篷式屋盖重达3400t，由12根62×80m的高大桅柱支撑。大桅柱直径1.9×3.5m，管壁厚32×70mm。每根大桅柱分为15m一段，焊接装配，呈圆锥形。此外还有34m高的小桅柱45根。因此，共有桅柱柱基57座，钢筋混凝土锚墩123座，可承受5000t拉力。屋盖由钢索网状交织组成，每一网格为75cm×75cm，钢索通过135000个柔性缓冲装置接头以保证屋顶自由伸缩，网索屋盖镶嵌浅灰棕色丙烯塑料玻璃，用氯丁橡胶将玻璃卡在铝框中。结构的力与美同体育的追求完美地统一在一起，使这项工程获得空前的成功（图3-47，图3-48）。

2）充气结构

关于充气结构是目前比较新的话题结构，然而生物界早就存在着多种多样的气泡结构，有植物细胞的泡状结构由于一定的渗透压而保持膨胀状态，这种渗透压还可以改变，对细胞的内环境起着调节作用（图3-49）。类似的还有青蛙囊袋的"气泡"，叫做封闭的充气结构，其他还有如鱼鳔、动物身上贮存尿的囊袋等。充气的封闭薄膜各处的表面张力都相同，由于用材少、重量轻，可以最少的材料实现最大的覆盖，而且便于装卸、调整，因此是一种很好的建筑结构[⑤]。

(a) 建筑外观　　(b) 局部　　(c) 内幕

图3-46 日本东京1964年奥运会主场馆代代木体育场（资料来源：The Janpan Architect, 1991-6。）

图3-47 慕尼黑体育场内部（资料来源：The Janpan Architect, 1991-6。）

图3-48 慕尼黑体育场俯视图（资料来源：The Janpan Architect, 1991-6。）

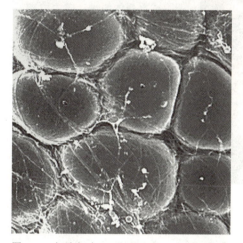

图3-49 细胞组合（资料来源：http://bbioo.com/Photo/cell/Index.html。）

最早设想把充气结构用来建造房屋的是英国工程师兰切斯特，他在1918年设计了直径为650m的充气结构，打破了传统的建筑结构形式，在气体压力的调整下，只要塑造出封闭的外形，任何形状都可以实现。充气结构不存在梁、柱等构件，当它受力时，结构内受压气体把力传给整个结构，充气表面薄膜各处受力相同。富勒在1962年就设计了用充气薄膜与网壳结合的圆穹，直径为3200m，可把纽约的整个曼哈顿地区罩起来，这就是著名的"乌托邦"充气结构建筑。还有索膜结构专家奥托也曾设计了充气薄膜与网壳相结合的巨大的罩，其直径2000m，高240m，可以覆盖拥有15000~45000人口居民的城市。在寒冷的北极，有了这样一个"罩"，就可以调节气候、开发北极了。奥托的设计又叫做"北极城设想"，然而这些设想虽在当时未能实现，但是时代科技的进步造就了许多不可能，尽管当时技术条件的不全面但仍有类似的结构的建筑出现，如1967年蒙特利尔博览会美国馆（图3-50）是富勒最早创作的充气结构建筑，

（a）建筑外观

（b）室内空间

图3-50 蒙特利尔博览会美国馆（资料来源：The Janpan Architect, 1991-6。）

还有1970年日本大阪世界博览会的富士馆。这都是当时相对较早期的充气结构建筑。

而演变至今随着科技变化和进步，也出现了不少与之前相对较为成熟的充气建筑，最著名就是由格雷

图3-51 伊甸园（资料来源：高技术生态建筑，天津出版社，2002。）

姆肖建筑师所设计位于英国康尔沃的"伊甸园"工程（图3-51、图3-52），这是一座总面积有2.2万m²的充气建筑，外形犹如爬行于大地的生命体。伊甸园山直径15~120m，由大小不同，气候可以调整的多个透明穹隆的联结而成。设计者将这些透明穹隆称为"生物穹隆"。总图设计中的定位和组织建筑群满足了以下生态要求：首先，穹隆表面的面层材料由一层透明的聚四氯乙烯薄膜嵌入3层的充气垫组成，置于气垫顶部的传感器可以感知风、雪等荷载信息，调整气垫压力适应不同的荷载状况。这一做法轻质省料、透光隔热、维护方便，而且充分利用日光，利于每一个生物穹隆中的园艺培植。建筑的定位保持了与自然的和谐并为将来的扩建留有余地。此外，整个系统还采用光合作用原理，用太阳能光电板提供能源，降低对不可再生能源的消耗。

另外一座就是2008年北京奥运的游泳场馆"水立方"（图3-53~图3-55），该项目同样以钢材与ETFE膜材料结合使用，与细胞或水晶体的设计仿生取向切合，并且该结构的选用能降低钢材使用，而ETFE的材料性能更是优越，本身就是轻质的柔性材料延展性好、自重轻，而屈服强度可达50N/m²、密度仅为1.75g/m²，而且火灾时遇火就会破裂不会产生有毒气体，进而创造利于人员逃生的条件。另外应用双层表皮的原理，以本身材料的良好保温性能及双层表皮的空气夹层的结合，进而提高"水立方"建筑的保温能力和自然通风效果减少能耗；在自然采光方面，由于ETFE材料透光性，减少了人工采光的使用，并且"水立方"在其他方面也采用了多种节能技术，如热回收技术将废热回收应用于生活用水与泳池水池加热等，所以从建筑总体来说，"水立方"建筑是一座将高技术建筑生态化仿生体现得较为成功的建筑。

2. 壳体结构仿生

从蛋壳、贝壳等可以看到自由抛物线形曲面的张力与薄壁高强的性能。建筑设计师们得益于这一启示创造出了结构形状各异的薄壳结构，在外力作用下，内力沿着整个壳体表面扩散和分布。薄壳结构不仅用材经济，受力合理，而且外形优美大方，还有新颖的室内空间效果，使空间结构与建筑艺术形式达到了完美的统一。

1）单曲面壳

最为常见的单曲面壳是圆筒壳，我们常常见到的草茎和竹子即为此形态。柯特·西格尔在其《现代建筑的结构与造型》中利用纸模型对圆筒壳作了直观表述(图3-56)。我们都知道一张平展的纸是无法承受弯力的，但若使之卷起弯曲则变得较为刚固。如果我们把纸卷为一连串的圆筒，并在其两端用纸板固定使其不宜变形，则承受力的能力会更强。圆筒壳的受力情况犹如由许多非常窄而

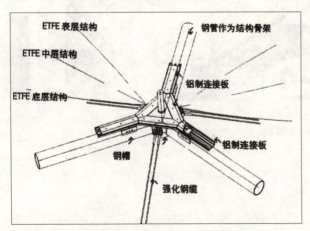

图3-52 伊甸园结构解析（资料来源：高技术生态建筑，天津出版社，2002。）

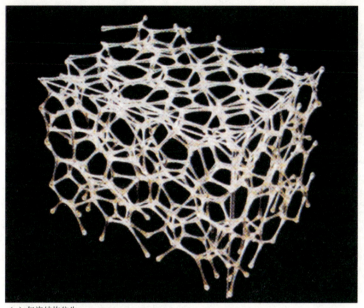
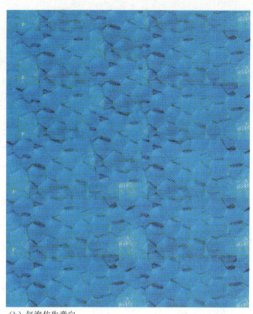

(a) 气泡结构仿生　　　　　　　　　　　　　　　　(b) 气泡仿生意向

图3-53 水晶体的气泡结构仿生（资料来源：世界建筑2008-5。）

(a) 水立方完工前　　　　　　　　　　　　　　　　(b) 水立方完工后

图3-54 水立方多面体结构与水立方建筑实景（资料来源：世界建筑2008-5。）

薄的条板所组成的折板构造。这种构造一方面负荷沿着折叠而向下传导；另一方面它不断地被分解为与相邻条板相切的几个分力，最后被汇集到两端的支撑处。总之，圆筒壳必须用加强件保持其形状的不变，而且加强件与圆筒壳之间的连接必须能抵抗剪力，圆筒壳才能发生作用。以德国的林茨设计中心（图3-57）为例，由于其要的室内高度限制在12m，但并非每一处都达到，屋顶的结构被设计成一个扁平的单曲面结构。

2）双曲面壳

在大跨度建筑中运用得更多，造型更为丰富的是双曲面壳，双曲面壳又可被分为旋转壳、双曲抛物面壳和自由形态壳。

旋转壳除圆筒与圆锥形薄壳外，其余都具有双曲率。

完全对称的典型旋转壳为球体。自然界中的球体到处可见，如星球、肥皂泡等。双曲率壳由于其壳面有纵向和横向两度的弯曲。形成自然刚性很强的薄壳，如同一片橘子皮，虽然很软，但将里面翻转出来并不容易；用半球体来说明双曲率薄壳的作用。如韩国釜山的世界杯体育场馆，用混凝土与薄膜结构的结合创造大跨度空间，利用薄膜柔性轻质材料的特性，节约了建造成本并降低建筑的厚重感。（图3-58）

双曲抛物面是一组沿一向上抛物线平行移动并与其垂直的向下抛物线（图3-59），也可以想象为在两个向下的抛物线之间悬吊一系列相同的抛物线。最后所形成的面即成鞍形。一个双曲抛物面包含两组交叉的空间直线。因此，鞍形内任何的开口都可以有四条直线作成框边，形成一个翘曲的空间四边形。如美国国家工业与技术中心陈列

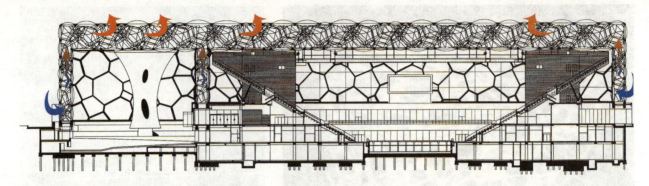

图3-55 双层表皮的自然通风（资料来源：改绘。）

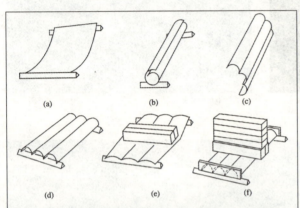

(a) 一张平纸没有一点弯曲强度；(b) 一把它卷起来就变得挺硬；
(c)、(d) 一与卷筒反向等分几个部分便取得一列硬的弧段壳体；
(e) 一重荷下壳体就塌下来；(f) 一横向加固件可保持壳体形状

图3-56 圆筒壳的纸板模型（资料来源：建筑创作构思解析-生态.仿生，中国计划，2004。）

动。这种杆系结构融合在单一的骨头内(图3-62)。各杆结构彼此相互贯通，彼此加强且吸收其部分荷重，因而增进了整个单位的强度。如富勒在美国1967年的蒙特利尔博览会美国馆(图3-50)的网架结构。

而骨架的组合，以肋骨架结构来探讨，它是动植物骨架的轻型组合原理之一，可以在平面上也可在曲面上按需要情况布置在主要应力线的方向上，它的横断面受材料的影响。肋有承担荷重和转移荷重的作用，如动物的腹骨结构、鸟类的翅骨及植物叶片中的叶脉等（图3-63）。所以当建筑师把对它们的认识从解剖学搬用过来也就不足为奇了。

在20世纪，钢筋混凝土的应用给肋骨架的利用带来了更大的活动范围。最具代表性的当属意大利建筑大师馆、杜勒斯机场航站楼(图3-60、图3-61)。

3. 网、骨架结构仿生

在生物自然界中，存在着许多复杂的网、骨架结构体系，明显的例子就是动物的骨头组成结构及骨架的组合原理。

骨头组成结构并非仅在单一平面内作用，而是根据身体不同的姿势和移动情况而适应抵抗来自各方向的力量。身体的重量，由位于"悬臂"端的圆头所支持，作用与大腿骨上的力随身体转动时所发生的各种力量而变化不定。身体的位置与关节转动的程度影响荷载合力的方向。骨头是大自然的绝妙设计，它就像一个能够支承各式荷重的空间网架结构，可对付所有的移

(a) 建筑外观

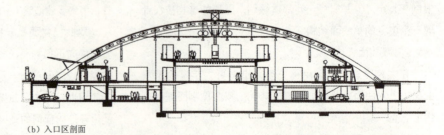

(b) 入口区剖面

图3-57 德国林茨设计中心（资料来源：托马斯.赫尔佐格—建筑+技术，中国建筑工业出版社，2003。）

到了一种韵律。在都灵展览馆的阿勒利大厅设计中，用预制V形元件在现场组合予以加固，成为统一的肋拱结构，使其跨度达到94m。

再如西班牙建筑师圣地亚哥·卡拉特拉瓦(Santiago Calatrava)的设计，他的作品多带有浪漫主义色彩，但本质上又严格遵守自然法则或力学规律。在他的作品中大量使用了肋骨架结构，比如在1998年设计的东方里斯本车站(图3-64)，创造性地模仿了树干分叉的生长肌理，设计了两边的支柱与顶棚的弧形肋架，取得了非凡的艺术效果。1994年他设计法国里昂火车站楼(图3-65)完全应用了动物骨架的结构原理，充分发挥了节省材料提高效能的特性，并且造型新颖。

4. 螺旋结构仿生

螺旋结构反映了生物生长过程中的密集型特征，而当两个螺旋结构相交叉形成双螺旋时，抵抗外力的能力大大增强。例如，鲨鱼体内压力的大小随着它运动速度的变化而变化，差值很大，因此其表皮纤维进化为网状的双螺旋结构，以承受不断变化的体压和弯曲力。与此类似，海虾窝(图3-66)也是双螺旋结构，十分轻巧且极具结构效力，

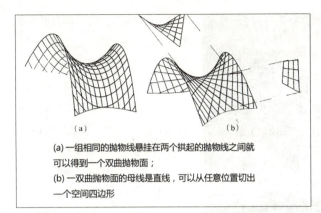

图3-58 双曲线抛物面（资料来源：建筑创作构思解析-生态.仿生》中国计划出版社，2004。）

图3-59 韩国釜山世界杯体育场馆（资料来源：韩国2002FIFA世界杯场馆设计图集，机械工业出版社，2003。）

图3-60 美国国家工业与技术中心陈列馆（资料来源：Acchitecture of The Century。）

图3-61 杜勒斯机场航站楼（资料来源：Modem Architecture。）

奈尔维及西班牙建筑师圣地亚哥·卡拉特拉瓦的作品。奈尔维应用肋骨结构，充分发挥钢筋混凝土的性能，在施工便利、用料最少、自重最轻的情况下建造了大跨度的空间建筑，并获得了很强的艺术表现力。例如他在罗马迦蒂羊毛厂设计中使楼板板肋按主弯矩等应力线布置，这样既减小了楼板厚度，又增加了它的刚性，且达

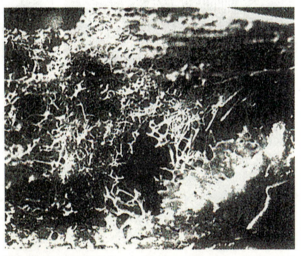

图3-62 骨头的纤维杆件（资料来源：建筑创作构思解析-生态.仿生，中国计划，2004。）

图3-63 叶脉（资料来源：http://bbioo.com/Photo/cell/Index.html。）

（a）鸟瞰　　　　　　　　　　（b）站台

图3-64 东方里斯本车站（资料来源：托马斯.赫尔佐格—建筑+技术，中国建筑工业出版社 2003。）

（a）侧向立面　　　　　　　　（b）入口立面

图3-65 里昂车站楼（资料来源：The Architecure of Stations and Terminals.）

足以抵挡巨大的洋流和压力。基于这一原理，双螺旋结构往往被用于高层建筑中，如卡拉特拉瓦在瑞典马尔海姆市设计的旋转大楼(图3-67)、福斯特设计的瑞士再生保险大厦就是成功的实践范例。

二、机能仿生

1. 植物向光性的仿生

以向日葵为例，向日葵从发芽到花盘盛开之前这一段时间，其叶子和花盘在白天追随太阳从东转向西。1994年建筑师戴多·特霍利用高新技术设计建造的"旋转式太阳能房"(图3-68、图3-69)如同向日葵，能够在基座上转动，即时跟踪阳光。房屋的旋转跟随着太阳的进度，在太阳落山之后就自动回复到初始位置。这是通过一组特殊装置——将整个房屋安装在一个圆形底座上，以一个小型太阳能电动机带动一组齿轮实现的。向日葵向日是为了充分地利用阳光进行光合作用，向日性实际上是向光性。太阳能房正是了利用了这一特性增设了特殊构建，屋顶太阳能电池获得的太阳能量比一般的太阳能多出1倍，而转动房屋仅消耗很少的一部分。至于太阳能房的旋转原理则不同于向日葵，向日葵是根据受光情况调整生长素的分布，通过控制细胞的长短实现转动的。

2. 神经系统仿生

在自然界中，生物体能对自然环境的改变或突发状况而作出随机的反应，神经系统在其中起到了很重要的作用；那么能不能使建筑也拥有生物界神经系统的功能，也像生物体一样以生物界的方式感知建筑内部的状态和外部的环境并及时作出判断和反应，一旦灾害发生，能进行自我保护和应变？近年来，随着现代科学技术的迅猛发展，建筑业冲破传统观念的束缚，正在努力使建筑物向可变的、有智能的和有生命的方向发展。而电子信息技术的越发进步，将使此拥有绝对的可行性；从智能的角度其实可以说是建筑的管理系统的自动化或者成为智能建筑，但从生物学的角度更有人说是"生命建筑"。

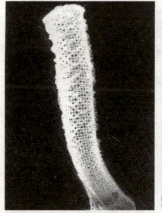 

图3-66 海虾窝（资料来源：建筑创作构思解析-生态.仿生，中国计划，2004。）　图3-67 瑞典马尔默旋转大厦（资料来源：世界建筑，2004-10。）

图3-68 智能建筑外维护结构（资料来源：智能建筑外层设计，大连理工出版社，2003。）

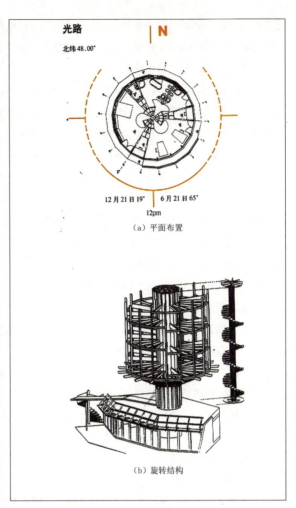

图3-69 构造解析（资料来源：智能建筑外层设计，大连理工出版社，2003。）

而在目前的技术发展上，美国的彼得·弗尔教授把光纤直接埋在建筑材料中作为建筑的"神经"。光纤是光纤传感器的一部分，通过感知光信号的相对变化特征，从而反映出建筑物变形和振动的情况。美国南加州大学的罗杰斯研究小组则在建筑物的合成梁中埋植记忆合金纤维，由电热控制的记忆合金纤维，能像人的肌肉纤维一样产生形状和张力变化，从而根据建筑物受到的振动改变梁的刚性和自动振动频率，减少振幅，使框架结构的寿命大大延长。

而神经系统最终要经过大脑的控制来进行有序的反应和工作，所以建筑的计算机中央处理系统就如大脑般，透过人工神经网络联结各个传感器和驱动执行器，对建筑周边环境的变化进行反应和保护。

三、建筑材料仿生

1. 蜂巢结构材料

蜜蜂以最少的材料消耗，构筑成极为坚固的蜂窝。人们受其启发发明了蜂窝纸芯。在蜂窝纸芯的两面或一面粘接箱板纸或单瓦楞纸板、胶合板、装饰板、纤维板、有机板、金属板、石膏板、树脂板、玻璃钢板、水泥板等可制成品种多样的蜂窝纸板或蜂窝结构复合材料(图3-70)。蜂窝纸板耗材少，重量轻，成本低，而强度、刚度极高，并且有缓冲、隔振、保温、隔热和隔声等众多优异性能，经过特殊处理还能够阻燃、防潮、防水、防震。将蜂窝纸板及其复合材料用于现代化建筑，将达到冬暖夏凉，环保节能的生态效应。目前加气混凝土、泡沫混凝土、泡沫塑料、泡沫橡胶、泡沫玻璃等内有气泡的蜂窝状材料已在建筑上广为应用，既使建筑结构轻巧美观，又有很好的隔热保温效果，物美价廉。

2. TIW墙体材料

北极熊皮肤的基本结构为一层浅色透明的外皮下面的一层厚实的内皮。阳光透过外皮照射到内皮上，内皮起吸热作用，将光能转化成热能；外皮起隔热作用，防止体内热量外散。两层皮间的毛是空心的小管，将空气层划分成较小容积，确保了高空气含量，起很好的隔热作用。仿北极熊皮肤构造可将建筑表皮制成自增温的透明热防护系统。建筑上的透明隔热墙(Transparent Insulated Wall,简称TIW（图3-71），通常是由透明外保温材料THI(Transparent Heat Insulation)或透明绝热材料TIM(Transparent Insulated Material)与外墙复合而成，它的隔热性能可减少因对流造成的热量损失。

THI则是仿北极熊皮毛的毛细管结构(Kapipane)。由许多薄壁而优质的透明小管子(Helioran)垂直于面板表面而组成，管径约3.5mm。Helioran是一种具有热稳定性、抗UV辐射性能、不燃性的及光导性的理想的节能材料。这种毛细管结构将对太阳辐射最大的传导性与突出的绝热性能结合起来，十分适合作为建筑的透明绝热层的材料。TIM则是一种透明的绝热塑料，做成透明蜂窝状，圆形的蜂窝状可最大限度地节约材料，蜂窝两侧粘有透明隔片，使蜂窝成密闭的透明孔，这样吸热面层不仅可以得到太阳辐射热，还可以得到TIM的反射能。

德国建筑师托马斯·赫尔佐格教授设计的文德伯格青年教育学院宾馆(图3-71)在南向局部使用了TIW外墙。当室外空气仅8℃时，室内在无暖气的状态下可达20℃。而且THI和TIM材料的反射性能使得照射其上的光线偏转，在后部没有吸收墙的地方，光线将以散射的形式偏转射入深远的上部空间，从而使房间深处的照明获得极大的改善。TIW墙是一种生态功效十分卓越的建筑表皮，是对仿生学原理的出色应用。

3. 其他仿生材料

由于内含纤维素，木材具有许多优良性能，如轻质高强、弹性韧性好，能抵抗冲击和振动等。依此原理，近来美国研制的一种玻璃纤维瓦，其核心由有机纤维玻璃薄垫物构成，除具有一般纤维瓦的性能外，还具有较好的耐久性和防火性能。而中德联合开发的"实木脚感型"地板采用仿生材料制造出特殊基材，不但从表面花纹、视觉上接近原始木材风格，内部木质纤维结构使它和实木地板的木质纤维非常近似，有效地改善了弹性性能，降低了噪声。目前，一种产自韩国的BIO健康生物蜡技术新型强化木地板已在国内上市。该地板是由具有生物特性的陶瓷物质(生物蜡)制作的，能使远红外线的反射量极大化。安装这种地板，在盛夏能感觉到凉爽，冬天又可感到温暖；还能净化室内空气，消除不良气味、调节室内湿度。很多植物的叶子表面具有很好的憎水性，并且实际上不能润湿，如荷叶的表面就具有一定直径的腊晶。这样，污染物不能黏附在叶片的整个表面，只能积聚在叶片表面的凹陷处。下雨时，污染物与水的亲和力要大于其与叶片表面的黏结力，因此污染物被雨水冲掉，而植物叶片保持洁净。国外学者W.Bartblott成功地把荷叶效应移植到外墙涂料系统，开发了微结构有机硅乳胶漆。这种乳胶漆采用具有持久憎水性的乳化剂、有机硅乳液等专门物质，使涂膜具有荷叶的表面结构，达到拒水保洁功能。这一仿生学建筑涂料的发明具有防水、防潮、耐沾污、节约建筑保洁费用等生态意义[⑥]。

生物体还具有向外界传达自身异常状态的能力，例如人睡眠不足时眼睛充血，人体被病菌感染时体温升高。智能化材料就是受之启发研制而成的。一些材料具有自我诊断、预告破坏功能，更高级的还具有自我调节和自我修复功能。如新型的自愈合混凝土就是将大量充满"裂纹修补剂"的空心纤维埋于混凝土中，一旦建筑物开裂，空心纤维随之开裂，修补剂填充在开裂处，使其自动愈合修复。这正是模仿了生物肌体受创伤部位自动分泌某种物质使之愈合的机能。这种仿生智能建材可极大地延长建筑物的寿命，提高其安全性。

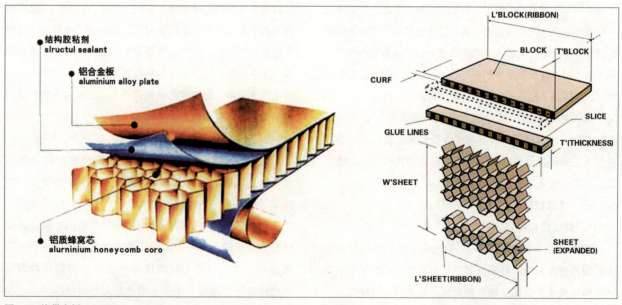

图3-70 蜂巢夹板（资料来源：http://www.honeycombtec.com/html/cp.html。）

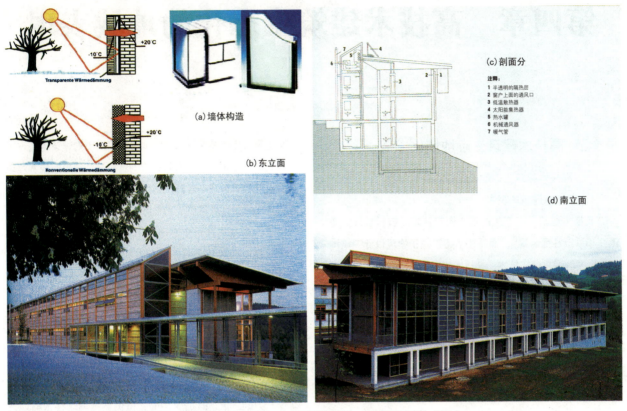

图3-71 文德伯格青年教育学院宾馆 （资料来源：建筑与环境——生态气候学建筑设计，中国建筑工业出版，2005。）

注释:

1. 戴志中，杨震，熊伟著. 建筑创作构思解析——生态.仿生 [M]. 中国计划出版社，2006，4：14.

2. 麦克哈格著 芘经纬译. 设计结合自然. 中国建筑工业出版社，1992：146.

3. 戴志中，杨震，熊伟著. 建筑创作构思解析——生态.仿生. 中国计划出版社，2006，4：21.

4. 戴志中，杨震，熊伟著. 建筑创作构思解析——生态.仿生 [M]. 中国计划出版社，2006，4：204-205.

5. 仓力佳. 生态建筑的仿生研究. 华中科技大学硕士论文.

6. 仓力佳. 生态建筑的仿生研究. 华中科技大学硕士论文.

第四章 高技术建筑生态化的地域表现

第一节 高技术建筑生态地域化

一、高技术建筑生态地域化的动因

1. 高技术建筑的反思

高技术建筑从其产生的第一天起就以注重科学性、逻辑性和系统性而著称[1]，而高技术建筑师在建筑设计中试图最大程度地追求建筑技术，把技术的精确、细致及和谐视为其创作的根本。随着科技的飞速发展，这种创作理念逐渐演变为对技术的盲目崇拜，也使人与自然产生了较为明显的疏离甚至是对抗，为高技术建筑带来了直接或间接的影响。因此，虽然建筑师在高技术建筑中想方设法地运用技术手段表达建筑艺术，且建筑技术已经得到了极大的发展可以使人们随心所欲地创造出想要的生活环境，但对于自然的忽视仍是高技术建筑的一个明显缺陷。如果没有了文化、精神的内涵，那么高技术建筑同今天流水线上生产出来的工业产品也就没有任何区别了。

2. 可持续发展对建筑的影响

自工业革命后，随着人类改造世界能力的不断提高，同时为了满足自身日益膨胀的物质需求，加剧了对大自然的掠夺；与之相呼应的是能源危机，环境污染等一系列问题。在生存环境面临严重危机的情况下，建筑界提出了可持续发展的口号，影响了之后的建筑创作实践。反观早期的高技术建筑，由于强调技术美学、细部构造等一系列特性，使其在实施过程中成本较高，对于能源的消耗较大。因此，如何实现高技术建筑的可持续发展目标、寻求人居与自然环境的和谐共生，是当今高技术建筑发展急需面对的一个课题。

3. 地域建筑理论的影响

回顾建筑发展史，每一栋建筑的建成，都与其所在的地点产生了不可分割的联系，可以说，地域性是建筑的本体属性之一[2]。而随着建筑国际化趋势的负面影响越来越明显，地域建筑理论在建筑设计中的影响也越来越大，高技术建筑不仅需要表现最新的建筑科技，更需要对地域文化、精神层面进行体现。在今天地域文化不断缺失的社会背景下，我们必须以冷静、理智的态度重新关注高技术建筑与所在地区地域文化的关联。此外，地域建筑思想体系主要强调对地方文化及其传统特色进行理性的分析，提出对建筑地域性不仅要表达，同时还要注重其构筑的真实性，这与高技术建筑有着相同的强调理性思路的哲学基础，因此在高技术建筑中应用地域建筑理论可以起到很好的补充作用。

二、高技术建筑生态地域化发展

高技术建筑在发展中存在着和现代主义建筑一样的忽视地域特征、缺乏人文精神的缺陷，不能反应所在地域的环境、人文、空间特征。就像现代化、全球化所带来的世界经济、技术的一体化导致了世界建筑文化趋同性的问题一样，高技术建筑也出现了"千城一面"的现象。面对这种情况，建筑师在高技建筑创作中逐渐强调地域特征在建筑中的体现，如《北京宪章》中提到：高新技术革新能迅猛地推动生产力的发展。但是成功的关键仍然有赖于技术与地方文化、地方经济的创造性结合[3]。

从20世纪60年代起，建筑师就地域性问题进行了一系列的理论和实践探索，比如诺伯格·舒尔茨提出的场所精神的理论，并由此衍生出了场所设计理论，该理论关注如何开展一个能反映历史、社会、文化和自然特色的设计；凯文·林奇也从城市设计的角度，提出基地环境分析应当涉及社会、文化、自然、地理、形体、心理等广泛的要素；一些专家着眼于特定的地点和文化，也进一步提出了地域主义的主张，关心日常生活与真实的、熟悉的生活轨迹，并致力于将建筑和其所处的社会维持在一个紧密与连续的关系体中。这些理论和主张对当代建筑师的创作产生了广泛而深远的影响。此外，致力于高技术建筑创作研究的建筑师也纷纷提出了如何在高技术建筑创作中表达地域性的问题，如皮亚诺提出：一个地方的地形、地貌和历史乃是建筑理念最为重要的源泉；福斯特也认为：我们的每个作品，在灵敏地反映过去的、受到历史的影响的同时，又受到具有快速发展而无法预言的未来的塑造。他们在这些思想的指导下，展开了多种创作方式来探索地域性如何在高技术建筑中进行表达的课题。

另外，在绿色环保、生态哲学、生态意识方面的理论探索也对高技术建筑产生了重大影响，使其更全面的认识技术的优势与局限性，并将技术的发展纳入人文思考的控制范围，减少技术为人类社会带来的负面影响。如标志着

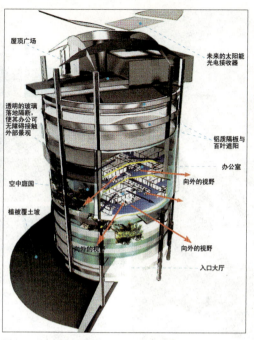
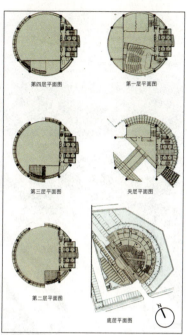

图3-72 梅纳拉大厦（资料来源：生态摩天大楼，中国建筑工业出版社，2005。）　　图3-73 功能布局图解（资料来源：生态摩天大楼，中国建筑工业出版社，2005。）　　图3-74 梅纳拉大厦部分平面（资料来源：生态摩天大楼，中国建筑工业出版社，2005。）

绿色文化诞生的1992年里约热内卢世界环境发展会议，在其之后人类开始走向追求人与自然和谐共生、持续发展的生态文明；同年10月，美国鲍尔州立大学创办了持续发展的建筑学教学计划，绿色建筑学从此开始兴起。发展绿色建筑、实施绿色生态设计的主张已经成为当代建筑界的广泛共识。在这样的背景下，重视地域环境特征、利用综合手段解决建筑所面临的生态环境问题，实现绿色设计与生态节能，就成为高技术建筑发展的新特征。就这点而言，高技术建筑与生态、环境方面的结合也是一种对地域性的表达与尊重，是高技术建筑地域化的重要发展倾向之一。

第二节 高技术建筑生态地域化的模式

一、自然因素的提取

追溯建筑的起源，其产生就是人类社会对自然界的一种被动反映。建筑的存在目的就是为了给人们提供生活、生产适宜的场所，而自然环境恰恰是影响和决定生活方式、地形、气候、材料、水源等的决定性因素，不同地区的自然环境差异自然的形成了许多各具特色的地域建筑形态。因此，从自然环境中提取元素是一个很好地表达地域性的途径，其主要手段有以下几种。

1. 地方气候环境特征的把握

气候条件是建筑活动首先应面对的自然因素，它关系着人们最原本的生理需求，因此，与地方气候、地理环境的结合是实现地域表达的重要方面之一：通过设计和技术手段，使建筑能够充分适应地方环境特征，从而达到生态的目

的。如诺曼·福斯特在设计法兰克福银行办公大楼的过程中准确地把握了当地气候、环境的特点，通过中庭和空中花园的组合，实现了高层建筑中空气的自然流动，达到了环保和节能的目的(图3-16)。此外杨经文建筑师也对高技术建筑生态地域性创作做出了很多开创性的工作，他认为气候是地域性中最持久的特征，应在设计中首先考虑，如果做到了这点，则设计就实现了本土化并能忠于场地本身。

马来西亚梅纳拉大厦(IBM公司的马来西亚代理处)就是最好的例子（图3-72～图3-74）。这个15层的建筑是到目前为止最具探索性的作品，它具有一种特殊的合理性，一个不具专业素养的普通观察者在一分钟之内就能弄明白这个8根圆柱支起来的、由钢材和玻璃构成的巨大圆柱体是如何运作的。大厦的外墙既非封闭的，也不是连续统一的，并在建筑中插入了一系列覆盖植被的露天平台"空中庭园"，盘旋于建筑的外立面，提供了良好的户外休息空间，并可以吸收部分的太阳辐射热量。他同时改造了建筑的"皮肤"，在设计中使用了铝质的外屏与隔板，从而使得在某些节点，阳光对建筑的影响达到最小，而在另外的一些地方，则让更多的阳光渗入室内。同时，也对室内空间进行了试验性改造，将工作间布置在每层的外部边缘，而将私人的、以玻璃分隔的办公室放置在中心区域，这样就使得每个人都能在自然采光的环境中工作，并且拥有宽阔的外部视野[4]。

2. 地方地形环境肌理的结合

诺伯特·舒尔兹在其《存在·空间·建筑》中指

(a)码头全局　　　　　　　　　　　　　　（b）码头局部

图3-75 横滨大栈桥码头（资料来源：http://www.panoramio.com。）

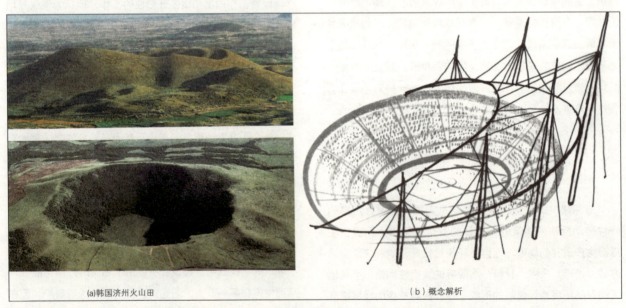

(a)韩国济州火山田　　　　　　　　　　　（b）概念解析

图3-76 韩国济州世界杯体育场馆(概念说明)（资料来源：韩国2002FIFA世界杯场馆设计图集，机械工业出版社，2003。）

出："不论任何环境结构，一般都是以景观空间的连续性为前提"，强调不应把自然看作是孤立的空白，而应作为背景来呼应。地域性的建筑形态重视与大地景观的融合，当建筑形态不复为人地表面上兀然站立的几何体，而是以其连绵起伏伸展的形体与大地形态走向融合，甚至创造性地重构了大地形态，建筑将其自身的完备性接合和统一于景观系统之中。尽管不是完全消解，也是在形态层面上很大程度地调和了建筑形态与大地形态的二元异质性，保持、留存和发展了景观空间的连续性。

所以利用当地的地形特点以抽象或者具象方式与周

图3-77 韩国济州世界杯体育场馆（资料来源：韩国2002FIFA世界杯场馆设计图集，机械工业出版社，2003。）

图3-78 厦门高崎国际机场候机楼（资料来源：冯旭拍摄。）

边环境肌理关系融合一起，这种模式除了充分展示和融合环境肌理，也间接表现地方环境文化，如日本横滨的大栈桥码头除从城市角度关系角度考虑城市问题外，也从海浪波动、起伏的造型效果进行考虑，并符合城市绿化肌理的延伸特点，将码头面上的高低起伏的造型做成公共活动空间的公园绿地带（图3-75）。再如2002年的韩国世界杯中的韩国济州体育场馆，在韩国济州约有330处火山口，而火山口所形成的温和美丽的线条，显得生气勃勃，象征着大自然的天然语汇。建筑正是提取了这种地方形态肌理，体现了地域性（图3-76、图3-77）。

二、人文因素的提取

建筑是文化的重要载体之一，与文化有着密切的联系，不能脱离自身的文化背景而存在。而文化作为一种主观的"存在"，是一个包括了知识、信仰、艺术、法律、道德、习俗等的复合体。诺伯特·舒尔兹认为，每一个特定的场所都有一个特定的性格，就像它的灵魂一样，统辖着一切，甚至造就了那里人们的性格，当然建筑也不例外地符合于这个场所的"永恒的环境秩序"。对于高技术建筑的发展，文化同样具有这样的感染力。从文化角度来看高技术建筑生态地域化的体现，除符合物质上的生态意义外，也赋予其"社会生态平衡"[⑤]的内涵，将高技术建筑的生态发展深入到了更深的层面上。人文因素的提取主要有以下两种手段。

1. 对地方建筑形式和传统技术的提取与变形

在建筑符号概念里，形态是建筑文化信息的载体，建筑师必须充分、深刻地研究建筑与文化的内在联系，对

图3-79 厦门高崎国际机场候机楼构思分析（资料来源：建筑学报，2000，10。）

曲的正脊来表达地域特征。再如美国SOM事务所设计的上海金茂大厦（图3-80、图3-81），通过对中国古代密檐式塔形象的成功抽象。将高耸的体量分成几段来处理，每段的高度自下而上递减，形成了密檐式古塔的意象，在表达中国建筑的地域特征方面取得了令人满意的效果。还如巴黎阿拉伯研究中心，其幕墙外遮阳板上快门式的通光孔技术的应用，除了遮阳功能外，还可以根据日照强度自动调节建筑的进光量，而其排布方式与阿拉伯传统的格栅窗非常神似，以此表达出阿拉伯的文化特征。（图3-82）

2. 建筑体量空间与场所精神文化的结合

另外一种人文元素的提取方式，是将建筑与所处环境以及其精神文化的结合，以此达到尊重和表达地域特征的目的。在这一方面，诺伯格·舒尔茨的场所精神理论仍是非常有用的工具，它强调了场所自身是一个复杂的整体，具有一定的结构、特征、氛围，向我们展示了有意义的生活世界，任何场所都有其自身的灵魂，也就是"场所精神"。就高技术建筑的生态发展角度来看，可理解为一种抽象的社会生态平衡的体现。诺曼·福斯特设计的卡里艺术中心就是高技术建筑设计当中运用场所精神理论的范例。卡里艺术中心位于普罗旺斯的尼姆，这里在古罗马时代就是行政中心，其建筑用地至今仍然保存有古罗马神庙的遗迹。在艺术中心的设计当中，福斯特充分尊重了神庙及其周围的场所特征，但并没有采用复古的形式，而是在尊重历史的同时，通过机器美学的理念折射出时代的变迁带来的生机与变化。福斯特的这种尊重不是一种抄袭的产物，而是一种全新概念的体现：建筑造型严谨，外立面由纤细而精致的钢柱支撑，墙面平整与古老神

图3-80 上海金茂大厦（资料来源：张棘拍摄。）

图3-81 中国古代密檐塔（资料来源：中国古代建筑图集，中国建筑工业出版社。）

地方建筑特征中具象元素进行提取和变形，并通过符号学美学的设计手法对建筑进行地域性表达。

如加拿大B&H事务所设计的厦门高崎国际机场候机楼（图3-78、图3-79），设计对闽南传统建筑形式采取片段抽取的手法，通过屋顶的折线形架空斜脊和向上反

庙的柱廊形成呼应。虽然艺术中心的整体面积远大于神庙，但由于福斯特将大部分建筑安排在地下，从而在体量和空间上取得了与周围环境的协调，在尺度上表现出谦虚与细腻的风格，与古老街区融为一体[①]。（图3-83、图3-84）

（a）阿拉伯世界文化研究中心

 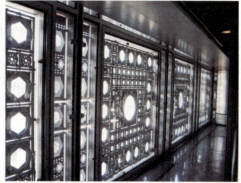

（b）立面遮阳构件

图3-82 法国阿拉伯文化中心（资料来源：陈瀛拍摄。）

图3-83 卡里艺术中心与古老神庙遥相呼应（资料来源：诺曼.福斯特的作品与思想，中国电力出版社，2005。）

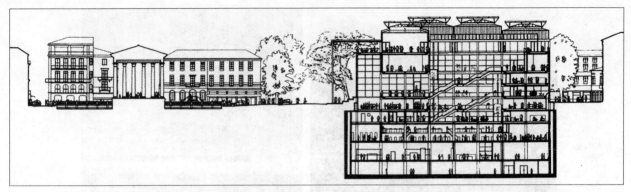

图3-84 卡里艺术中心与古老神庙的剖面关系（资料来源：诺曼.福斯特的作品与思想，中国电力出版社，2005。）

注释：

1. 王晓岷. 吴庆. 试析高技术建筑地域化的动因. 合肥学院学报，2005，12.

2. 吴庆. 技术与场所的融合——高技术建筑的地域化倾向. 合肥工业大学硕士论文.

3. 吴良镛. 广义建筑学. 清华大学出版社，1989.

4. 艾弗·理查兹. 生态摩天大楼. [M].中国建筑工业出版社.

5. 叶俊. 社会生态学的基本概念和基本范畴[J]. 烟台大学学报，2001，7.

6. 薛恩伦. 李道增. 后现代主义20讲. 上海社会科学院出版社，2005：27-32.

小 节

高技术建筑非仅仅如同高技派建筑作为一种风格或流派而存在。而是不同的建筑流派都可以根据自己的建筑理论和美学思想，采用丰富多彩的方式运用高新技术创造出形式多样的高技术建筑。所以在高技术建筑的生态发展过程中，同样会因为地区差异、社会需求以及时代要求的不同，也出现了几种不同的发展倾向，然而每一种发展倾向却都朝共同的生态目标进化，并且相互间呈一种并联关系，如在考虑节能的同时也需要了解地方气候条件的变化，并选取须相应技术应用，且为了提高节能的效果也会配合相应的智能化管理系统来提升效率和室内舒适度等。

但就是因为这样，由于发展的多元化，思考问题和条件甚至技术的使用更为复杂化，虽然高技术建筑在生态方面的发展已取得部分的效果，却仍无避免一些高技术建筑的老问题和隐忧。如商业化影响而缺乏实际生态意义的表现以及过于追求技术化的生态表现等，所以人们将高技术建筑生态发展可分为"节能、智能、仿生、地域化"四种发展模式。节能是高技术建筑生态化发展的基础，从技术模式看高技术建筑的节能体现，从开始的被动式思考进化为被动、主动结合的节能思考；从概念来看，由单一的节能控制扩大为整体环境能源的影响和控制，并隐含其他发展倾向概念相互结合、进化。高技术建筑生态发展的智能体现，智能化系统不仅面向传统的建筑设备，而且要监控建筑物包括围护结构在内的整个建筑，成为建筑的神经系统，同时面向具体的行业应用，调动建筑设施实现智能化服务，实现建筑的智能化发展和高技术建筑生态发展的期望功能，实现IT技术与建筑的一体化。高技术建筑生态发展的仿生表现，提出目前高技术建筑仿生模式主要在结构、功能及材料上的综合仿生，即指仿生是以满足建筑功能为前提，立足于技术的革新与进步的。最后高技术建筑生态发展的地域文化的融合，明确提出高技术建筑的地域化取向，主要是从人文因素和自然因素两大方面的考虑，并说明符合生态目标的方式与结合。

第四篇

新中国成立以后我国高技术建筑的发展

第一章　结构开路　我国高技术建筑的开端（1949~1978年）

新中国成立初期，百废待兴，建筑界更是承受着巨大的压力和责任。建筑师既要完成创作任务，又要在此基础上节省建设资金、提高设计和建造水平。在新中国成立到"文化大革命"结束期间，社会环境总体来讲较为封闭，当时除去苏联外，与国外建筑界的交流甚少。比较而言，这一阶段的发展以经济理性为指导原则，主要集中在建筑结构方面。

第一节 社会及建筑界背景

一、此阶段的国外影响因素

第二次世界大战对欧洲各国均造成了很大损害，20世纪40年代后期欧洲建筑处于恢复时期，主要为了满足生产生活的基本需要。但美国作为唯一从战争中获益的国家，战后经济飞速发展。随着美国对西欧开展援助，以及技术进步，西欧及日本战后经济得到迅速恢复。从20世纪50年代中到70年代初，欧美的建筑都获得了出乎意料的发展，建筑设计的主导思想以追求新功能、新技术和新形式为主，强调建筑结构、材料效能的实践也有了进一步的发展。

这一时期，高技术创新更多地体现在结构创新、标准化构建以及装配式建筑的研发上，高技术建筑进入了一个相对缓慢的发展时期。查尔斯与雷·埃姆斯夫妇（Charles & Ray Eames）于1945~1949年共同设计的位于洛杉矶的自用住宅，又称"专题住宅研究"（Case-Study-House，图4-1），是最早应用预制钢构架的居住建筑，它以唯一的标准化预制构件达到令人惊叹的灵活组装程序与弹性组合。建筑史学家雷纳·班纳姆（Revner Banham）将埃姆斯住宅视为战后高科技建筑之经典，影响了包括欧洲的彼得·史密斯(Peter Smithson)、理查德·罗杰斯（Richard Rollers）与伦佐·皮亚诺（Renzo Piano）等人[①]。

此外，这一时期在结构创新方面的探索还取得了以下重要成就。大跨度建筑中，1953年世界第一个悬索屋面——美国罗利牲畜展览馆（图4-2）的双曲马鞍形悬索屋盖的建成，标志着现代悬索结构的开始；壳体屋顶结构的实例则有美国在20世纪40年代建造的兰伯特圣路易

（a）埃姆斯住宅室外

（b）埃姆斯住宅室外

图4-1 埃姆斯住宅（资料来源：www.greatbuildings.com; sedgehammer.files.wordpress.com.）

市航空港候机室，由三组厚11.5cm的现浇钢筋混凝土壳体组成；1976年建成的美国新奥尔良市体育馆，圆形平面直径达207.3m，是当今世界上最大的钢网架结构建筑（图4-3）；帐篷张力屋顶结构的发展则以德国的成就最高，奥托（Karl Otto）和古德布罗德（Rolf Guthrod）设计了1967年加拿大蒙特利尔世界博览会德国馆，如同中世纪的帐篷悬挂支撑结构形式，不仅很好地解决了功能和

图4-2 美国罗利牲畜展览馆（资料来源：Journal of Structural Engineering, June 2002。）

图4-3 新奥尔良市体育馆（资料来源：新华网。）

图4-4 慕尼黑奥林匹克运动中心体育场（资料来源：维基百科。）

结构的问题，形式上也有独特的创新，之后奥托与本尼什（Gunter Behnisch）合作设计的慕尼黑奥林匹克运动中心体育场（1972年，图4-4）更是将帐篷式悬挂支撑结构发展到了顶点；此外，充气屋顶结构、折板结构等也获得了很大的发展。

高层建筑方面，1974年芝加哥西尔斯大厦（图4-5）的完工，443m的高度使之成为20世纪80年代前世界上最高的建筑，在超高层结构设计上取得了突破；雅马萨奇设计的110层的纽约世贸双塔（图4-6）也是当时的超高层建筑经典实例之一。其他的结构成就，如1957年前苏联混凝土结构专家格沃捷夫提出了混凝土塑性性能的破坏阶段设计法，奠定了现代钢筋混凝土结构的基本计算理论；富勒（Buckminster Fuller）设计的一种使用金属构件组成球形空间的建筑结构系统，在1967年的加拿大蒙特利尔世界博览会美国馆（图4-7）中应用并引起了巨大轰动。

这个时期，还出现了许多试图以"高科技"来挽救城市危机和改造城市与建筑的设想，如阿基格拉姆学派、日本的新陈代谢派、弗里德里曼的"空间城市"，以及富勒的海上城市方案等。到20世纪60年代末期，随着阿波罗登月计划的成功，西方社会对技术的乐观主义达到了极致。

第二次世界大战后的西方建筑界，建筑师不断对新结构、新材料等进行创新和实验，高技术建筑朝着以结构革新为主，方便大规模、机械化施工的标准化、装配化方向发展。虽然我国当时所处环境相对闭塞，不能及时掌握最新的建筑发展状况，但西方不断优化并推陈出新的结构创新思维还是或多或少地影响了我国的建筑师。

二、中国建筑界的发展环境

与此同时，中国同样面临着战后重建工作，与西方不同的是，国家建设始终在强烈的政治路线支配下进行，呈现出以国家意识形态为主导的政治化特征。"社会主义"和"资本主义"的政治斗争和思想斗争，渗透到了经济和文化艺术等各个领域，并长期指导着这一领域的活动，出现了如20世纪50年代初全国各地探索"民族形式"的一些

图4-5 芝加哥西尔斯大厦（资料来源：维基百科。）　图4-6 纽约世贸双塔（资料来源：维基百科。）

图4-7 蒙特利尔世界博览会美国馆（资料来源：《Alexander fils das centre pompidou in Paris》。）

大型建筑物和1959年首都的"国庆十大建筑",这种状况对中国现代建筑的发展造成了一定的负面影响。但是,现实国情对现代建筑的客观需要构成了1949年之后现代建筑自发延续的基础,并在实践中显示了强大的生命力,出现了技术创新和体现时代精神的形式探索。

由于这一时期建筑创作基本处在"短缺经济"状态(各类建筑材料的消耗,如钢材、水泥和木材等都有相应的指标,须在设计任务中加以遵守),约束条件固然不会使建筑师们降低创作质量,但无米之炊使之难以为继也是不争的事实。这就产生了此阶段的另一个占据主流的设计观念:匮乏经济下的经济理性主义,倡导以最大限度的节约和最低标准的建设为建设准则,主要体现在大规模工业生产和民用生活性建筑上。在这个步履维艰的历史时期,面对不利的政治环境、经济条件和封闭的国际环境,这类建筑只能将政治象征意义让位于更为严峻的国情和经济现实,这也成为这一时期我国建筑师在建筑技术创新领域的直接动力。在这一背景下出台的"适用、经济,在可能的条件下注意美观"的总体建筑方针,表明了国家政策层面对建筑的功能、经济理性原则的认同,作为创作原则领导了近30年的建筑创作。可见,经济理性是这一时期技术创新的直接动力②。

在建筑设计人员方面,仍活跃在20世纪50年代的许多第一代建筑师们,由于受教育期间正值现代建筑的发展与成熟时期,或因对现代建筑原则的领悟,或因对时尚的关注,他们不失时机地学习并认同了现代建筑及其技术创新原则③。而20世纪五六十年代正处于第二代建筑师挑大梁的时期,尽管学习的环境动荡而封闭,但是在前辈建筑师的谆谆教导下,技术功底扎实,基本功过硬。他们所受的教育基本沿袭了第一代建筑师在美国所受的巴黎美术学院体系,而当时被认为较为先进的苏联建筑教育实际也与其有着很大关联,它依然注重对于基本功以及文化修养的培养,另外注重技术课程的教育,这两种教育体系在新中国成立初期的高校汇合,影响了中国的第二代建筑师,其功能、技术思想也深入到了第二代建筑师的创作当中。新中国成立初期的高技术建筑发展正是由他们所推动的,确切地说是他们应用现代建筑技术创新的思维方式使新中国成立后我国高技术建筑的发展迈出了第一步。

此阶段在结构探索上取得的成就主要是对各种新型

(a) 工人体育馆鸟瞰　　　　　　(b) 工人体育馆剖面

(c) 北京工人体育馆内

图4-8 北京工人体育馆(资料来源:张宇主编,《2008 OLYMPIC,北京市建筑设计研究院2008奥运建筑设计作品集》,2008。)

结构技术的研究和应用。比如对钢结构的研究，东北地区在1950年制定了钢结构设计内部规定，1954年颁布了第一本《钢结构设计规范》（结规4-54），采用容许应力设计法。在吸取国外更为经济的大跨度建筑结构发展经验的同时，也在国内尝试进行一些实践活动，如汪达尊在1959年3月的《建筑学报》中介绍了当时在国外广泛应用的悬索屋盖后[④]，其经济适用的结构模式吸引了国内建筑界的研究，并应用于1961年建成的北京工人体育馆屋盖当中，成为我国现代悬索结构建筑的开始。这种追求经济实用结构体系的探索一直没有停止，如1968年为迎接第一届新兴力量运动会而建的首都体育馆，第一次采用了平板型双向空间网架，从此网架技术在国内推广。在高层建筑结构创新方面也有一些实例，如1974年建成的北京饭店东楼，以及1976年建成的当时中国第一高楼——34层的广州白云宾馆等。

不过也应看到，由于机械化程度低，严重影响着此阶段国内高技术建筑的设计、施工，一些重要建筑的建成完全是集全省、全国之力，并不具备普遍性。

第二节　阶段发展剖析

现代建筑的技术创新思想及作品在此阶段对中国建筑界产生了重要影响，与国外建筑界不同，这样的选择更多的是出于节约的目的，对支撑、围护等结构进行技术革新。

为了证明国力、显示社会主义制度的优越性，此时政府十分注重国家形象的外在体现，而公共建筑就是最能体现国家形象的建筑类型之一，在当时高层建筑为数不多的情况下，大跨度建筑就承载了这一重任。对大跨度建筑的重视，也使其创作有了很大发展，成为了结构革新的主要建筑类型。因此，新中国成立后的高技术建筑发展首先从建筑结构上迈出了第一步。

一、"文化大革命"前期的发展（1949~1966年）

此时期的结构革新实例较多，这与体育建筑、交通建筑、高层建筑等公共建筑的对功能性、科学性、经济性的客观设计要求有关。

十大建筑中的北京工人体育馆（1959~1961年，熊明、孙秉源等，图4-8），不仅是我国大型公共建筑中第一个采用悬索结构的建筑，也是目前世界各国同类结构中跨度较大的一个（净跨达94m，最高点距地面达38m）。整个屋盖由16m直径11m高的中心环、94m直径的外圈梁及288根双层悬索组成，不但满足了覆盖大跨度的功能要求，而且大幅度地节约了建筑材料，符合"适用、经济、美观"的方针。该建筑对于悬索屋盖的选择是在比较了钢筋混凝土壳体、钢架结构、悬索结构之后作出的，壳体结构很费木模且施工操作较困难，而钢架方案既多用钢材、又拖延工期，综合比较起来，悬索屋盖节约钢量达60%，并且自重轻，在当时施工设备有限的情况下吊装相对容易些，因此最终采用了这种新型结构形式。并且在接下来的结构设计中，利用预加预应力、反向拉索、悬挂薄壳等技术手段很好地解决了悬索屋盖的稳定性、风荷载和温度影响问题。此外，在空气调节、电气设备等方面也都采用了许多新技术，使场内经常保持空气新鲜，并且有适宜的风速、温湿度和照度[⑤]。这一时期北京还有许多采用新结构技术的实例，如采用预应力双曲扁壳结构的北京火车站（1959年，图4-9），以及采用大型预制装配式结构的北京民族饭店（1959年，图4-10）、北京农展馆的一些新型结构（气象馆，1958年，严星华）等。

上海同济大学礼堂（1961年，黄家骅等，图4-11），曾是远东最大的礼堂，结构形式采用净跨40m、外跨54m的装配整体式钢筋混凝土拱形网架结构，被誉为当时同种形式的亚洲之最。大厅的主要承重结构体系为落地拱，纵向每隔8m布置一只三脚架来承受拱力，整个结构的施工程序是先浇捣四周的钢筋混凝土承重结构和预

图4-9　北京火车站（资料来源：作者自摄。）

图4-10　北京民族饭店（资料来源：作者自摄。）

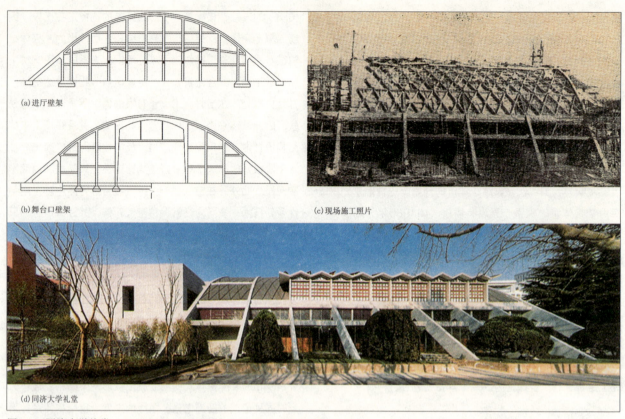

图4-11 同济大学礼堂（资料来源：作者自绘《建筑学报》，1962，9；《建筑学报》2007，6。）

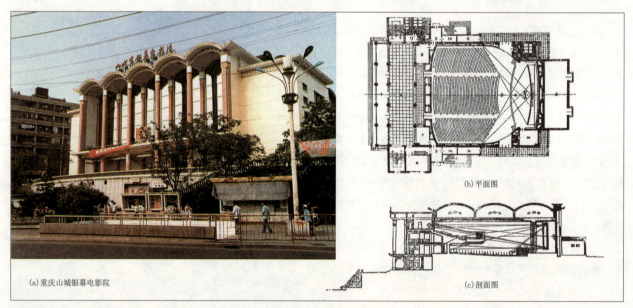

图4-12 重庆山城宽银幕电影院（资料来源：《中国现代建筑40年》；《建筑学报》，1962，9。）

制网片，然后再安装屋盖部分的网架。和整体式钢筋混凝土拱形网架薄壳结构相适应，开阔的大礼堂厅内没有一根柱座，建筑造型与结构密切结合，落地拱结构杆件组成的富有韵律的图案、不加任何装饰的室内拱顶顶棚和侧墙天窗，取得了简洁有力的现代感效果⑥。

重庆山城宽银幕电影院（1958~1960年，黄忠恕、吴德基、梁鼎森等，已在1998年的大建设中拆除，图4-12），银幕高7.1m，宽18m，是当年我国唯一的专为放映宽银幕影片而设计建造的新型影院，由3波11.78m×30m的筒形薄壳构成30m×35.3m的钟形平面，休息厅屋盖为5波6m×8m筒壳，新型结构全部外露，体现出新型结构所带来的新艺术特色⑦。

浙江省人民体育馆（1965~1969年，唐葆亨、沈济黄、宋德生等，图4-13），总建筑面积12600m²，是中国第一座椭圆形平面和马鞍形预应力钢筋悬索屋盖结构的大型体育馆，结构用钢量不到18kg/m²，独特的屋盖呈双曲抛物面形状，使观者耳目一新；同时，体育馆在声学设计、照明配置、计分台操作控制设备、空气调节等方面都采用了国内比较先进的技术。

新疆维吾尔自治区在运用新型结构和技术革新方面也有许多实例。例如：乌鲁木齐建筑机械金工车间（1960年，中国人民解放军新疆建筑工程第一师设计院，图4-14），车间覆盖了60m直径的椭圆旋转曲面圆形薄壳屋盖。虽然悬索结构屋盖节约模板、施工简单，但需要的高强钢丝较多，因此综合考虑节约资金和当地的材料设备情况，决定采用钢筋混凝土圆形薄壳的整捣方案①。最终的钢筋消耗量仅为12.2kg/m²，比同规模的厂房少用钢筋9.4kg/m²，并获得了良好的建筑效果。其他实例如：乌鲁木齐新疆团结剧院（1965年，黄文隽），覆盖30m×24m的双曲抛物面钢筋混凝土扁壳屋面；乌鲁木齐东风电影院（黄文隽），大厅覆盖以22m×28m的钢筋混凝土双曲扁壳，用钢量约为11.6kg/m²。

在"大跃进"的带动下，中国建筑界积极采用新结构、新技术，这些建筑也呈现出了与探索新结构和新技术的国际大潮流相契合的趋向。

二、"文化大革命"至改革开放前的发展（1967~1978年）

1. 体育类建筑

"文化大革命"前后新建了一批体育场馆，这时的创新先锋依然是大跨度建筑，采用的新结构不仅起到了节约材料的目的，还给建筑师带来了新体量、改进了内部空间、丰富了艺术感受，吸引了建筑师在此方向进行着不懈的努力。

可容纳18000名观众的首都体育馆（1966~1968年，张德沛、熊明等，图4-15），总建筑面积4万m²，东西长122m，南北宽107m，屋顶结构为平板型变向空间钢网架，为首次采用的百米大跨空间网架；场地活动木地板下设有30m×61m的国内第一个室内冰球场，可进行滑冰、冰球、花样滑冰等冰上体育比赛项目。

上海体育馆（1975年，汪定曾、魏敦山、洪碧荣等，图4-16）项目先后完成了多项技术革新项目。其主体为圆形，比赛厅屋盖支撑跨度为110m，经过多种结构形式的比较，选择了较为先进的平板型三向空间钢管网架结构，用9000多根无缝钢管和938只钢球拼焊而成。该结构主要有以下优点：用钢量较为经济，相对悬索结构的高强度钢索取材更容易；整体刚度好，能承受较大荷载；施工、检修更为方便②。立面设计力求形式与内容统一，将

图4-13 浙江省人民体育馆（资料来源：《中国现代建筑40年》。）

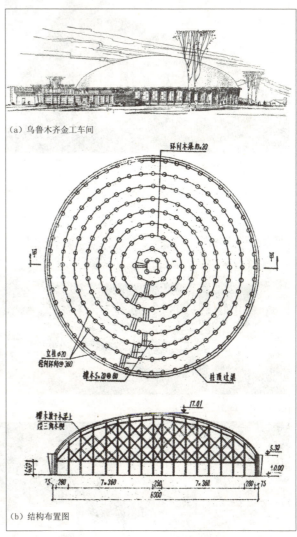

(a) 乌鲁木齐金工车间

(b) 结构布置图

图4-14 乌鲁木齐建筑机械金工车间（资料来源：《建筑学报》1962,4。）

功能、结构融会贯通，构成统一完整的建筑轮廓。

南京五台山体育馆（1975年，齐康等，图4-17），建筑总面积17930m²，八角形平面，采用平板型双层三向空间网架结构屋盖（长88.68m，宽76.8m，高5m），支撑在46根外柱上，不仅节约钢材，且立面造型开国内风气之

图4-15 首都体育馆（资料来源：张宇主编，《2008 OLYMPIC,北京市建筑设计研究院2008奥运建筑设计作品集》，2008。）

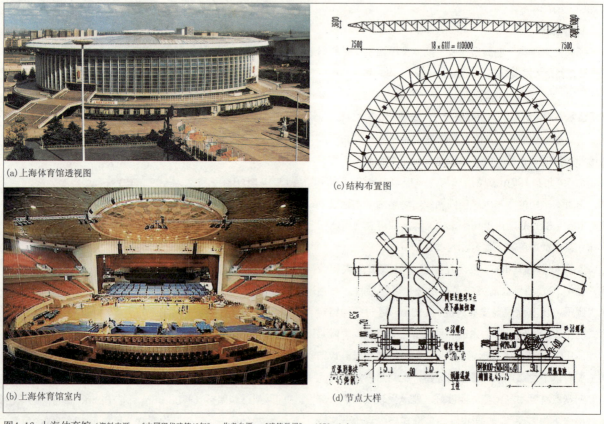

图4-16 上海体育馆（资料来源：《中国现代建筑40年》；作者自摄；《建筑学报》，1976，1。）

(a) 五台山体育馆

(b) 剖面图

图4-17 南京五台山体育馆（资料来源：《中国现代建筑40年》；作者自绘。）

图4-18 北京饭店东楼（资料来源：昵图网。）

图4-19 北京装配式外交公寓（资料来源：新华网。）

图4-20 广州白云宾馆（资料来源：www.hitachi-helc.com。）

先。立面与结构紧密结合，以46根大柱为基调，加上垂直包檐显得挺拔壮观，色调淡雅、朴素大方，在葱郁的五台山上看来显得醒目雄伟[①]。

其他实例还有：使用钢筋环屋盖的郑州河南省体育馆（1967年，黄新范、李舜华、王国修），简单的立面处理反映出崇尚节俭的风气。这些大跨度建筑的共同特点是，注重与使用内容相关的功能和技术，有比较先进的屋盖结构，先进的结构与造型结合设计，符合高技术建筑原则。

2. 外交类建筑

1970年我国先后同加拿大、意大利、智利等国建立外交关系，1971年恢复联合国席位，1972年美、日领导人访华，随着中国外交领域的不断发展，为了保持和发展与外部世界的联系，这个时期还有另外一类建筑也没有停止前进的脚步，就是跟外事活动相关的建筑，包括涉外及援外建筑。

例如北京饭店东楼（1974年，张镈、成德兰等，图4-18），是当时国内少有的高层建筑；北京16层装配式外交公寓（1971~1975年，北京市建筑设计研究院，图4-19），采用整体式钢筋混凝土双向框架结构，并且采用了比较先进的装配式技术；广州白云宾馆（1976年，莫伯治，图4-20）主楼34层，高117.05m，是我国当时最高的建筑，对国内的高层建筑设计和施工技术起到了推进作用。

在援外建筑中，由于其设计所受的约束较国内要少很多，因此建筑师更能放开手脚去施展才华。体育建筑是援外建筑成就突出的建筑类型，"追求先进的结构技术和比赛技术条件"成了此类建筑设计的一大亮点。比如肯尼亚综合体育中心（1979年，周方中、吴德富等）和体育馆，扎伊尔共和国卡马尼奥拉体育场（1979年，中国建筑西南设计研究院）等就是其中的代表。

在这个时期的政治环境下，我国建筑师依然没有放弃对结构革新方面的探索，说明国内的建筑需要现代化，需要高新技术作为支撑。也从侧面反映了这一辈建筑师对于建筑创作的热情和投入不断引导着他们进行创新和学习，与现在的一部分建筑师一味沉迷于表面形式的模仿形成了鲜明对比。也反衬出了在技术突飞猛进、信息高速传播的今天，许多建筑师却没有创新热情，大跨建筑结构形式单一，不论跨度大小，似乎只有钢网架结构一种，用钢指标也不受任何约束。这些问题都很值得我们深思[①]。

通过梳理脉络和分析实例，1949~1978年我国高技术建筑发展历程主要特征表现为结构革新的特点。从新中国成立到"文化大革命"期间主要以大跨度建筑为主，"文化大革命"到改革开放前主要以大跨度建筑和外事类建筑为主（图4-21）。

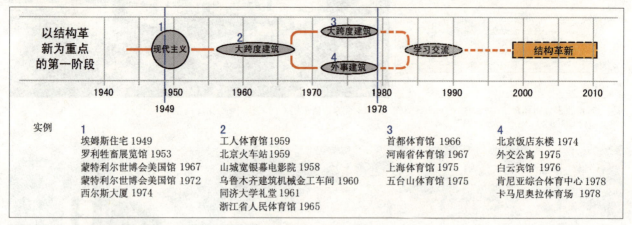

图4-21　1949~1978年我国高技术建筑发展脉络（资料来源：作者自绘。）

注释：

1. 宋颖，王群. 高技派的回顾与反思[J]. 华中建筑，2003，3：22.

2. 邓庆坦. 中国近、现代建筑历史整合研究论纲[M]. 中国建筑工业出版社，2008：219-240.

3. 邹德侬，张向炜，戴路. 20世纪50~80年代中国建筑的现代性探索[J]. 时代建筑，2007，5：10.

4. 汪达尊. 悬索屋盖结构的应用[J]. 建筑学报，1959，3：34-38.

5. 北京市建筑设计院北京工人体育馆设计组. 北京工人体育馆的设计[J]. 建筑学报，1961，4：2-10.

6. 同济大学设计院第二设计室. 同济大学学生饭厅的设计与施工[J]. 建筑学报，1962，9：15-19.

7. 重庆建筑工程学院附属设计院. 重庆市山城宽银幕电影院[J]. 建筑学报，1960，1：34-35.

8. 中国人民解放军新疆建筑工程第一师设计院. 60m直径圆形薄壳屋盖金工车间[J]. 建筑学报，1962，4：5-9.

9. 上海市民用建筑设计院上海体育馆现场设计组. 上海体育馆[J]. 建筑学报，1976，1：24-31.

10. 江苏省建筑设计院. 五台山体育馆[J]. 建筑学报，1976，1：20-23.

11. 邹德侬，张向炜，戴路. 20世纪50~80年代中国建筑的现代性探索[J]. 时代建筑，2007，5：12.

第二章 材料、技术进步 我国高技术建筑全面发展（1979~1998年）

20世纪70年代末的中国，改革开放浪潮席卷全国，各个行业都开始对外实行开放政策，建筑业也不例外。一方面，越来越多的外国建筑师及设计事务所加入到中国的基础设施建设中来，为我们带来了宝贵的经验和先进的建筑技术；另一方面，我国建筑师从涌入国内的建筑杂志和书籍中学到了许多先进的技术知识，并尝试运用到实践当中。虽然这一阶段结构革新仍在继续，但国内高技术建筑的发展重点已转移到了先进材料、技术的引进、革新方面。

图4-23 德国国会大厦穹顶（资料来源：维基百科。）

第一节 社会及建筑界背景

一、此阶段的国外影响因素

在经历了第二次世界大战后的快速发展阶段之后，西方在建筑技术创新、建筑机械化程度方面有了很大提高。而此时快速发展的自然科学带动了各行各业的技术革新、产业升级，类似美国阿波罗号登月的重大科学技术事件不断涌现，整个西方都沉浸在技术乐观主义的氛围当中。

20世纪70年代，高技术建筑发展中特定历史阶段的产物—"高技派"建筑逐渐崭露头角，虽然它并不等同于高技术建筑，但其超越时代的高技术风格的外观立即引起了世人的注意，使人们意识到了高技术建筑的存在。意大利建筑师伦佐·皮亚诺（Renzo Piano）和英国建筑师理查德·罗杰斯（Richard Rogers）在1971~1977年间合作设计了著名的"高技派"作品—蓬皮杜艺术中心（Pompidou Center, 图4-22）。该建筑外貌奇特，钢结构梁、柱、桁

图4-24 特吉巴欧文化中心（资料来源：维基百科。）

架、拉杆和被涂上颜色的各种管线都不加遮掩地暴露在立面上。虽然对该设计的评论国际建筑界分歧很大，但是，蓬皮杜艺术中心可以说是代表了当时建筑中的"重技术派"，在高技术建筑发展中具有里程碑式的意义。

然而，此后高技术建筑开始面临着诸如忽视地域特征、缺乏人文精神等问题。建筑与地域文化特征的结合从20世纪60年代开始便引起了人们的关注，并进行了理论和实践探索，比如诺伯格·舒尔茨的场所精神理论，凯文·林奇的城市设计理论等；另外，由于20世纪70年代爆发的能源危机以及全球范围内日益恶化的生态环境，绿色环保、节能生态主张

(a) 蓬皮杜中心透视　　(b) 设备管线

图4-22 蓬皮杜艺术中心（资料来源：张毅摄。）

图4-25 香港新机场（资料来源：www.cohl.com。）

图4-26 香港汇丰银行大楼（资料来源：作者自摄。）

图4-27 香港中银大厦（资料来源：作者自摄。）

的日益高涨，也对建筑理论产生了重大影响。对这些问题的思考和实践从20世纪80年代开始真正影响到了高技术建筑创作，并出现了像德国国会大厦穹顶（1992~1999年，图4-23）、特吉巴欧文化中心（1991~1998年，图4-24）等一批著名的地域性、生态性高技术建筑。

此外，香港在这一阶段出现了许多知名建筑作品，比如福斯特的香港新机场（图4-25）、汇丰银行大楼（图4-26），贝聿铭的香港中银大厦（图4-27）等。这些高技术建筑被大篇幅报道在专业杂志上，并随香港旅游业对大陆的开放而在国内享有盛名，成为了国内建筑师直接接触高技术建筑的最佳选择。因此，虽然香港回归在这一阶段末期才发生，但由于彼此间的紧密联系，对国内高技术建筑的发展影响很大。

改革开放后高技术建筑及"高技派"的建筑思想和作品进入我国，其独到的设计方式和特有的表现手法使得国内建筑界耳目一新，促使建筑师开始对此类建筑进行学习、研究。

二、中国建筑界的发展环境

改革开放带来的巨变，在建筑上表现为重建创作环境。20世纪80年代以后，建筑创作研究逐渐活跃起来，有专家将其归纳为"无干涉、无禁区"、"反思"和"引进"并举，最大限度地改善了与外界隔绝近30年的封闭状态[1]。建筑创作开始由计划经济体制转为以市场为主，进入了一个以经济因素为主导的时期，并逐步推行了注册建筑师、注册规划师等制度。

与此同时，在我国封闭时期国际上发展出来的众多理论与学派同时涌入国内，对当代中国建筑各种思潮的产生和发展有很大影响，建筑类出版社也在努力引进西方建筑的理论和作品，一些建筑大师的名著和建筑理论的系列丛书被陆续翻译出版。比如当时颇具影响力的题为《新建筑与流派》的调查报告，内容囊括了诸多理论家和建筑师的贡献，另外还介绍了第二次世界大战以后西方建筑界的发展，包括Team10、新陈代谢学派、高技派等[2]。此外，为了改善国内建筑师长期缺少教科书和教学参考书的状态，还相继出版了陈志华的《外国建筑史》、同济大学等四校编写的《外国近现代建筑史》等教材。

已是人到中年的第二代建筑师，满怀进取与开放意识，成为打开新视野的主力。在20世纪70年代末国门打开后，整个国内建筑界都在诉求现代化。建筑师们纷纷撰文表达自己的观点，许多文章中都体现出对新材料、新技术的重视，这也为此阶段以材料和技术为重点的高技术建筑发展埋下了伏笔。如徐尚志在1984年建筑学报发表文章中谈到，"当前的时代是面临世界性的新的技术革命挑战的时代，怎样在建筑创作中表现出这种时代精神，将是我们创作的努力方向之一"[3]。在文章中明确指出通过新

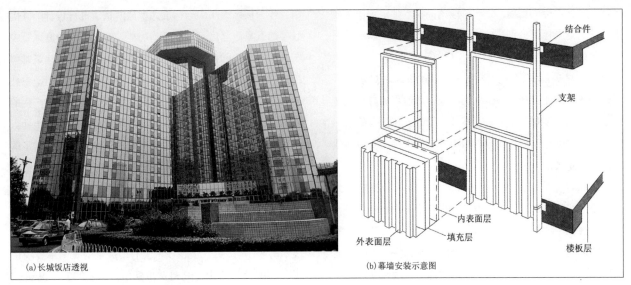

图4-28 北京长城饭店（资料来源：作者自摄；作者自绘。）

材料、新技术表达建筑时代精神的，以熊明的《建筑创作与时代精神》为代表，他写道："满足现代使用要求，用先进的技术材料，反映现代的精神面貌"④。在新的技术革命冲击下，建筑界也开始研究应对策略，例如在1984年的春节学术座谈会上，建筑师们纷纷发言表达对新材料、新技术发展和建筑工业化方面的重视⑤，并把这一发展目标当成面对新的技术革命冲击的应对措施。

对技术及美学的追求逐渐成为我国建筑创作的重要方面，而中外合作设计则起到了主要的推动作用。随着改革深化、国外资金的注入，中外合作设计是建筑多元共存的必然结果，从大量实践项目可以看出，这一时期的中外合作设计主要分为两个阶段：第一阶段是改革开放后的10年，在同世界优秀设计公司的合作中，我国的设计单位主要学习国外高技术建筑的设计方法和管理模式，以提高自身的创作水平，而方案主要以外方熟悉的建筑形式、建筑技术为主，中方辅助设计；在第二阶段的发展中，合作模式逐渐从以外方为主、中方辅助设计，转为双方共同创作，外方在设计中更加重视我国本土的地域特色和气候条件，中方也更加大胆地使用先进的建筑技术。从技术层面来看，这20年的发展过程中，合作设计模式使国内建筑设计机构不断地接触到新理念和新方法；从方法及管理层面上看，合作设计使得国内设计机构不仅可以参与和了解高技术建筑设计的各个阶段过程，同时还能深入了解外方的人员构成、专业配备和管理方法，极大地推进了我国高技术建筑的发展。

这一阶段我国在建筑技术上也取得了较大突破。一方面，采取了以技术引进为主推动建筑技术进步的模式，不断学习西方已经成熟的建筑技术，提高自身技术水平（如北京长城饭店引进的全玻璃幕墙技术，南京金陵饭店引进的先进机械设备技术等）。另一方面，也与建设任务的大幅度增长带动了建筑机械化快速发展有关：在积极引进国外先进技术的同时国产建设机械获得了可喜的进展，大中型土方、装载运输、凿岩、隧道施工、起重运输、混凝土及其制品、高空作业等机械，新型钢筋连接技术与设备、模板与脚手架、手持电动工具等一大批产品研制成功，品种和数量都有显著增加，为我国机械化水平的提高和高技术建筑的建设提供了强有力的物质保证⑥。此外，20世纪80年代的《建筑电器设计技术规程》、《建筑设计防火规范》，以及20世纪90年代的《民用建筑照明设计标准》、《民用建筑电器设计规范》、《建筑物防雷设计规范》等一系列规范制度的颁布，结束了我国建筑相关专业无标准规范的状态，规范了设计实践，也在一定程度上促进了建筑技术的发展。

不过，由于我国整体建筑技术水平仍较为落后，且高技术建筑理论平实、少有造势运动，许多新技术、新材料我们尚未接触过，使我国建筑师对西方高技术建筑的学习和实践中，远不如后现代建筑思潮接受得快。在20世纪80年代很少有独立创作的实践作品诞生，主要是缺乏相应的技术储备和实践经验。不过，经过20年的学习和模仿，到了20世纪90年代末，国内建筑单位已经具备了独立创作高技术建筑的能力。

第二节 阶段发展剖析

这一时期对中国高技术建筑起到最直接影响的是高技术建筑及"高技派"的理论和作品。随着改革开放后设计行业多元共存的现状，这一阶段的高技术建筑创作主要由两股力量支撑，分别是：境外建筑师的创作，以及国内建筑师的模仿和技术创新。

由于境外建筑师更为熟悉高技术建筑，且技术水平远远领先于刚刚开放的中国，因此他们所使用的材料、技术在当时的中国都算得上是"高技术"的。在这一阶段，境外建筑师的创作对我国起着指引方向的作用，不断为建筑界带来新技术、注入活力。

长久以来的封闭使得国内建筑师在改革开放之初更多的是采取学习的姿态，多看、多想成了一条必由之路。在学习过程中结合自己的优势去寻找有能力设计和建设的"高技术建筑"成为了国内建筑师的最好选择。因此，他们所找到的三条道路分别是：高技术建筑的地域性探索、高技术建筑与生态相结合的探索，以及对已有国外高技术建筑作品的模仿；另外，上一阶段的结构技术革新也仍在继续着。

一、境外建筑师的创作

1. 初期阶段（1978~1994年）

1978年十一届三中全会确定了改革开放的基本国策，但之前的近30年的封闭发展还是造成了国内建筑与世界建筑发展之间的巨大差异，外来建筑师设计的首批建设项目就是在此背景下相继建成的。西苑饭店、长城饭店和建国饭店的建设，是改革开放后外来建筑师创作的开始，他们引入了国际上流行的一些现代技术，虽然很多在国际上已不算先进，但却显示出我们已经展开了追赶的脚步。

虽然1976年建成的上海体育馆局部采用了玻璃幕墙技术，但长城饭店（1983年，美国贝克特设计公司，图4-28）是我国第一幢采用大面积铝框玻璃幕墙的高层建筑。作为按照最高国际标准大型旅游饭店进行设计的国内较早的五星级酒店，其复杂的功能、有特色的中庭以及中国式的水景花园都值得国内建筑师学习，不过被建筑师争相效仿的还是其全玻璃幕墙的崭新形式和在立面造型中处于显著位置的旋转餐厅。新材料、新设备以及由此产生的新形式作为实现高技术建筑的有效手段开始在国内传播。但是，我们在对新材料的构造、新设备的运行还不甚了解的情况下，首先中意并采用的仍然是新形式。从长城饭店开始，玻璃幕墙建筑就受到国内建筑界的特别青睐，一时间传遍大江南北——不论是炎热的南国广州、深圳，还是寒冷的北国城市沈阳、哈尔滨，都可以看到这种新型技术的影子[⑦]。另一个在技术上有所突破的是南京金陵饭店（1983年，香港巴马丹拿事务所，图4-29），高达37层，"将与电梯等机械系统相关的技术介绍到中国，并由此引发了中国新一轮的高层建筑设计高潮"[⑧]。

外来建筑师的进入在20世纪80年代末到20世纪90年代初达到了一个高潮，并以高层写字楼项目为主，比较有影响力的北京国贸中心（1989年，图4-30）、京广中心（1990年，图4-31）、京城大厦（1991年）等建筑均在技术、设计上体现了一定的先进性。

2. 成熟阶段（1994~1999年）

在经历了初期试探性的与中国建筑文化的接触后，境外设计人员逐渐熟悉了中国市场，以及中国人的思维习惯。随着我国建筑技术的不断进步以及人们审美意识的普遍提高，境外建筑师所负责项目的科技含量也进一步提高，逐渐从应用国外流行的技术转而开始引入一些具有先进地位的技术。20世纪90年代中期开始，随着北京长安街、金融街，上海外滩、浦东新区的建设，陆续有国际大

图4-29 南京金陵饭店（资料来源：作者自摄。）

图4-30 北京国贸中心（资料来源：作者自摄。）

图4-31 北京京广中心 （资料来源：作者自摄。）

（a）中国工商银行透视1

（b）中国工商银行透视2

图4-32 中国工商银行总行大楼（资料来源：作者自摄。）

型设计公司以及著名建筑师进入国内建筑市场，也带来了一些优秀的高技术建筑作品。

由SOM设计的北京工商银行总行大楼（1994年，图4-32），在空间的塑造上采取了传统的以实体（建筑和墙）围绕虚体（园景和空间）的表现手法，以方形办公楼围绕圆形公用部分。塑造出的四个玻璃顶共享空间和中心圆形内院花园，象征着中国重要建筑物多层中庭的设计手法，也象征了"天圆地方"的中国传统哲学思想。大楼为整体钢结构支撑体系，技术要求高，施工工艺复杂，总用钢量达8000t，其安装施工过程为施工技术积累了宝贵的经验。遮阳方面引入了新技术——在中庭顶部外侧设置了反光屏，根据太阳日出日落的变化，科学的调成不同角度，使中庭从早到晚都沐浴在柔和的自然光线之中。

由美国APEC／NBBJ、彩恩集团主创的北京远洋大厦（1995~1997年，图4-33），不仅以现代的个性体形赢得社会赞誉，同时在高新建筑技术上创下多项国内"第一"，如高层建筑工程中最大面积的点支式玻璃幕墙体系，建筑工程中最大面积的点式玻璃采光顶棚体系等。点式幕墙虽然在欧洲已有30多年的历史，但进入中

（a）远洋大厦透视

（b）北京远洋大厦中庭

图4-33 北京远洋大厦（资料来源：作者自摄。）

国建筑业的时间还不长,它能够最大限度地表现玻璃材料的通透性、显示金属材料的结构魅力、适应不同的建筑空间形态,不过由于其高技术特点及制造加工难度,当时的重要工程均由国外负责设计、加工、制造和安装。与点式幕墙相应,大厦内部约1000m², 高63m的巨大中庭采光顶也采用了点式连接技术,采光顶的跨度约24m×27m, 由六组拱形钢桁架组成如帆似浪的变化曲面,烘托的是整个建筑的主题;在顶棚内侧加胶玻璃上还做有经过特别设计的点阵遮阳图案,以减弱射入室内的直射光,并可以在夜间被中庭顶部的照明将图案照亮,使玻璃顶成为发光的亮体。

上海久事大厦(1994年,图4-34),是著名建筑师福斯特在中国内地的第一个作品,以高技术幕墙体系、室内空中花园和智能化办公为主要设计概念,体现了福斯特事务所20多年的办公建筑实践经验。大厦的幕墙体系为典型的"动态幕墙"应用于中国的较早实例:由外部的透明双层钢化中空玻璃、内部的透明单层钢化玻璃、中间层空腔和位于空腔的穿孔遮阳百叶组成,既可吸收热量、控制眩光,又可通过BA控制系统调节百叶的角度遮蔽日光;高度技术化的幕墙体系与雄浑有力的钢筋混凝土形成了鲜明对照,整个幕墙单元板块均在意大利完成组装,然后由货船安装就位,确保了高标准和高速度的实现。大厦的主要立面由于空中花园的空间弧线而显得十分生动,空中花园的楼板由圆弧面向后层层退台,形成多层高的气流流动空间,借鉴了法兰克福商业银行、杜塞尔多夫ARAG总部大厦的成功经验。同时,大厦还配备有先进的VAV空调系统和高度智能化的布线系统,所有的办公区域都铺设架空地板,为智能化办公的地下配线提供方便。现在,大厦已成为闪耀在外滩天际线中的一个亮点,在近十年新建的摩天大楼群中,也是一幢以高度先进的技术和材料完成的高品质、简洁而又挺拔的建筑[①]。

上海大剧院(1994~1998年,图4-35)采用法国夏邦杰事务所的获奖方案,设计立意借鉴了中国古典建筑"亭"的概念,经过中、法、美、德、日等国设计,成为这一时期上海的又一标志性建筑。该建筑第一次在国内采

图4-34 上海久事大厦(资料来源:安晓晓摄;《时代建筑》,2002,5。)

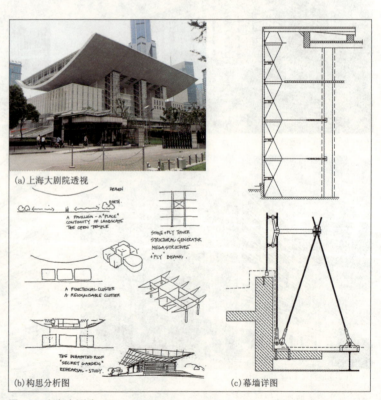

图4-35 上海大剧院(资料来源:作者自摄;《时代建筑》,1998,4;作者自绘。)

用当时世界上较先进的钢索玻璃幕墙系统,整个大堂及侧休息厅由近500块3000mm×1825mm×15mm的钢化玻璃拼组而成的3只大"玻璃盒",并由11mm直径的钢索系统纵横绷紧固定,这种钢索系统比传统的钢架系统或玻璃竖筋系统更纤巧、通透。大剧院的巨大拱顶由穿插于几个功能体块的6个巨大的楼电梯井支撑,如一叶方舟漂浮于天地之间[②]。

图4-36 首都机场2号航站楼　（资料来源：作者自摄。）

(a) 上海浦东机场航站楼

(b) 剖面图

图4-37 上海浦东机场（资料来源：《时代建筑》，2000，1。）

这一时期的国内城市建设发展很快，在"文化大革命"结束后基础设施建设呈现出爆发态势，有许多外国设计单位创作的建筑实例，很多都在材料、技术、结构等方面体现了高技术特色，如一系列机场建筑：北京首都机场2号航站楼（图4-36）、上海浦东机场（图4-37）、大型写字楼建筑等，为中国高技术建筑的发展注入了活力。

二、国内建筑师的创作实践

此时，国内建筑师在不断弥补20世纪六、七十年代落下功课的同时，也在努力学习境外建筑师使用的高新技术及材料特性，并开始了一些带有学习性质的模仿创作。在经历了20世纪80年代的材料、技术发展以及创作手法的探索后，国内建筑师逐渐找到了几种适合自己的高技术建筑创作方向，主要有：地域性高技术建筑、生态高技术建筑、对国外高技术建筑的模仿，以及延续上一阶段的结构革新。

冯纪忠的作品——上海方塔园何陋轩茶室（图4-38）是最早的地域性探索实例之一，其建筑框架采用轻盈的竹材（类似现代钢结构的空间杆件体系的做法），又借鉴了中国民间木构的梁、柱、椽体系。优美、舒展的空间曲面屋顶，是传统民居屋顶的分解和变形，屋面采用细竹枝密排，上覆茅草。整个建筑框架纤细轻盈、形式自由灵活，色彩处理模仿钢结构特征，极富现代感，是高技术建筑地域性探索的成功尝试。

延安枣园新村则是最早的生态化探索实例，建筑师针对传统窑洞通风不良、采光不足、卫生条件差等缺点，吸取传统黄土窑洞的建筑经验，以可持续发展为指导思想，以生态系统良性循环为基本原则，根据当地环境与资源的实际情况，采用被动式与主动式技术相结合的方式，有效地利用太阳能、地热能，采取相应构造措施形成自然采光和通风，以生物氧化塘进行污水的净化和再利用，形成高效和谐、无污无废、节能节地的绿色住宅，其效果非常理想。虽然有些技术的使用不能算是高技术，但这毕竟是国内建筑界思考生态技术及生态与高技术结合的开始[①]。对陕西窑洞建筑的生态性研究一直没有停止，其成功的技术实践被逐渐总结出来（图4-39）。模仿国外高技术建筑的作品有上海联谊大厦（1985年，华东设计研究院张乾源、杨莲成和王意孝，图4-40），该建筑是中国第一个自己设计的幕墙结构，高100m，简单的正方形，标准层由梁柱体系支撑。到了这一阶段的后期，模仿创作的作品在高技术应用方面已经有了很大的进步。比如北京植物园展览温室及附属建筑（1998年，图4-41），为亚洲面积最大、自动化程度先进、科研含量突出的大温室，该项目的建成充分体现了新结构、新技术、新材料、建筑创作的变革，并对玻璃和金属结构、建筑学、植物学、生态环境一体化、美学等方面的研究有所贡献；该建筑全部采用钢结构和点式玻璃幕墙，室内展区采用计算机系统控制，填补了我国大型综合展览温室建筑方面的空白。其实，即便是一些中外合作的作品模仿痕迹也很重，例如由加拿大WZMH事务所和上海建筑设计研究院共同设计的上海证券交易所（图4-42），主立面中心开洞，结构设计不同寻常，与巴黎德方斯新区中的"门形建筑"结构相当类似。

(a) 何陋轩茶室

(b) 细部

图4-38 上海方塔园何陋轩茶室（资料来源：作者自摄。）

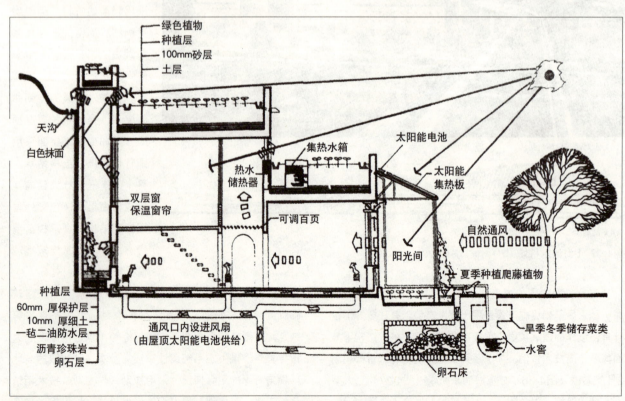

图4-39 黄土高原绿色窑洞生态技术集成（资料来源：《时代建筑》，2008，2。）

图4-40 上海联谊大厦（资料来源：作者自摄。）

图4-41 北京植物园温室展室（资料来源：筑龙网。）

继"文化大革命"期间的体育场馆修建热潮后，为了迎接北京亚运会及支持全国的体育事业，1980~1990年代初，全国各地又陆续兴建了一批体育场馆，如天津体育馆、哈尔滨黑龙江速滑馆，以及北京奥体中心等，带动了建筑技术的发展，延续了结构革新的步伐。

例如北京的奥林匹克体育中心体育馆（1989年，北京市建筑设计院，图4-43），整个造型是与结构设计紧密配合进行的，屋盖部分结合建筑造型，采用了国内首创的斜拉双坡曲面组合网壳。整个屋盖的平面尺寸为80m×112m，利用钢筋混凝土塔筒每边8根斜拉住屋脊处的立体折架，以减小立体折架的杆件截面和两侧网壳的厚度。两侧网壳采用斜放四角锥，厚度3.3m，这样就形成了一种特殊的组合结构体系。由于充分考虑了空间作用，平面尺寸确定合理，经济效果较好，反映了结构技术的进一步创新[22]。

图4-42 上海证券交易所（资料来源：作者自摄；作者自绘。）　图4-43 北京奥林匹克体育中心体育馆（资料来源：作者自摄；《2008 OLYMPIC，北京市建筑设计研究院2008奥运建筑设计作品集》。）

深圳体育馆（1985年，建设部建筑设计院，图4-44）建筑造型上充分体现大跨度建筑的结构特点。选用了四支点的钢管球节点空间网架屋盖结构和现浇钢筋混凝土看台结构两套体系的组合，而设计最引人注目的是采用4根包铝板的巨柱，神奇地支撑着1600t重90m×90m的球节点钢网架，可谓是高科技、时代的产物[23]。馆内有良好的灯光设备，先进的音乐系统，并装备了多系统的完全空气空调系统和自动灭火系统，在节点构造设计上有很大成就。

虽然国内建筑师尚不具备独立设计高技术建筑的实力，但改革开放后强烈的学习模仿欲望使得他们对高技术建筑趋之若鹜。实践过程中逐渐探索出的三条创作道路，再加上对结构革新的继续探索，加深了他们对高技术建筑理论与设计手法的理解。

三、中外合作建筑实践

20世纪90年代中后期迎来的又一个境外设计热潮已经与20世纪80年代的有所不同，更多是以中外合作设计

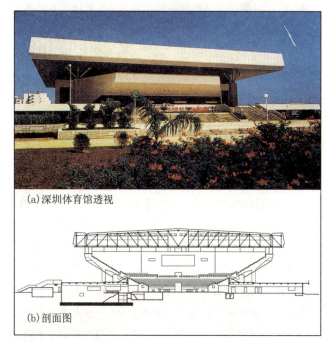
图4-44 深圳体育馆（资料来源：《中国现代建筑40年》；作者自绘。）

的模式出现的，从侧面反映出我国建筑师对于高技术建筑创作与理解方面的进步，已经基本可以配合境外建筑师进行创作。随着后现代主义、地域建筑、节能建筑等理论在全世界范围的流行，境外建筑师也开始越来越注重在设计中添加中国传统文化元素，使高技术建筑作品越来越具有中国特色。

由美国SOM建筑事务所设计的金茂大厦（1993~1999年，图4-45）是这一时期成就最高的建筑作品之一，大厦

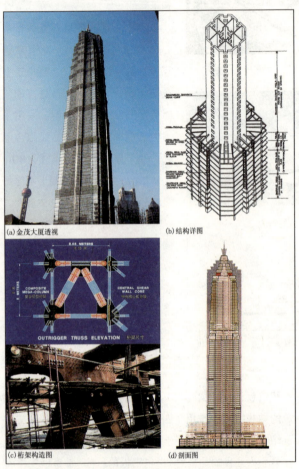

图4-45 上海金茂大厦（资料来源：作者自摄；《境外建筑师与中国当代建筑》。）

集中了多项当时世界最新的科技成果。美国建筑师解决的第一个问题并不是该项目的技术问题，而是力求寻找一种现代超高层建筑与中国历史建筑文脉相沿袭的结合模式。最终他们成功地将中国塔的造型体现在了建筑外形上，阶梯状造型以逐渐加快的节奏向上伸展，并用了强化透视学方法，增加了建筑的高度感。办公层是无柱空间，采用了当时最新技术的结构、设备体系，使内部空间有最大程度的灵活性；考虑到场地特殊的地质条件和地理位置，SOM专门设计了牢固的桁架结构，将核心筒和外柱联系起来，起到连接、支撑、分散建筑受到风荷载、地震荷载时的外力[24]的作用。外墙由铝、玻璃和不锈钢组成，强调墙面的垂直感以突出建筑的高度。最终使金茂大厦成为体现东方塔形建筑风格与现代科学技术完美结合的超高层摩天大楼[15]。金茂大厦的贡献不仅仅局限于对超高层建筑理念、结构体系、设备或是新材料的高技术创新，更在于它使中国建筑界在"人身安全、防火措施、交通流程、智能建筑、玻璃幕墙"等诸多技术关键问题上实现了突破，并为中国高技术建筑的设计、施工、管理等环节积累了非常宝贵的经验。如果说20世纪80年代境外建筑师给中国带来的更多的是那些改变和占领着城市的建筑，没有以当地文化为依托，那么金茂大厦在地域性方面很好地为境外建筑师树立了一把标尺，也改变了国人看待建筑的方式。

民航作为高科技企业乐于运用高新材料，候机楼大空间也利于展现大跨度结构的美感，为高技术建筑的实现提供了条件。由华东建筑设计研究院与加拿大B+H事务所合作完成的厦门高崎国际机场3号航站楼（1996年，图3-38、图3-39），就是一个利用高技术手段诠释了在厦门前村、前埔村尚存的传统住宅中可以清晰看到的闽南民居大屋顶造型的很好的例子。设计师试图"寻找一种世界性的语言来隐喻中国的新精神（指改革开放），同时感到尊重传统和历史的重要"。关于屋脊和屋面的曲线，草图示意是根据传统大屋顶提取而来，而且屋顶向天空的升腾之势与飞机的流动性相符，有很好的寓意。厦门属于亚热带季风气候，因此建筑多敞开以利用海风。航站楼以一个完整的大空间组织各种功能，这个大空间由钢筋混凝土框架支承14榀跨度为73m的钢筋混凝土"上下弦杆变坡拱形屋架"[16]。屋架上弦暴露在外形成透空的坡线，下弦暴露在室内和混凝土柱形成传统式梁架关系；候机楼屋脊上暴露的通风塔成为屋顶的特殊装饰，桁架腹杆之间大面积的自然采光符合生态原则。这一在室内外充分暴露和表现的经济节约的结构体系，反映出建筑师已不再刻意追求各种新材料、新技术的使用，逐渐转为理性的在高技术思维下适当采用"适宜技术"。方案从整体上进行了控制，充分考虑了当地的文化、气候特征，使之成为了一个成功的地域性高技术建筑范例[17]。

突出生态性高技术的例子如上海军械大厦（1997年，杨经文，图4-46），虽然因种种原因没有建成，但其生态性高技术建筑的创作思维方式为国内建筑师提供了很好的参考实例。该设计是一个低能耗的高品质建筑，在室内外的设计中都采用了生物气候方法以得到一个易操作的高效节能的建筑，它充分利用上海的气候条件，力求使其用户能切身体会一年中的季节变化。覆盖景观绿化的空中平台布置在建筑的重要节点，以形成室内外空间的缓冲

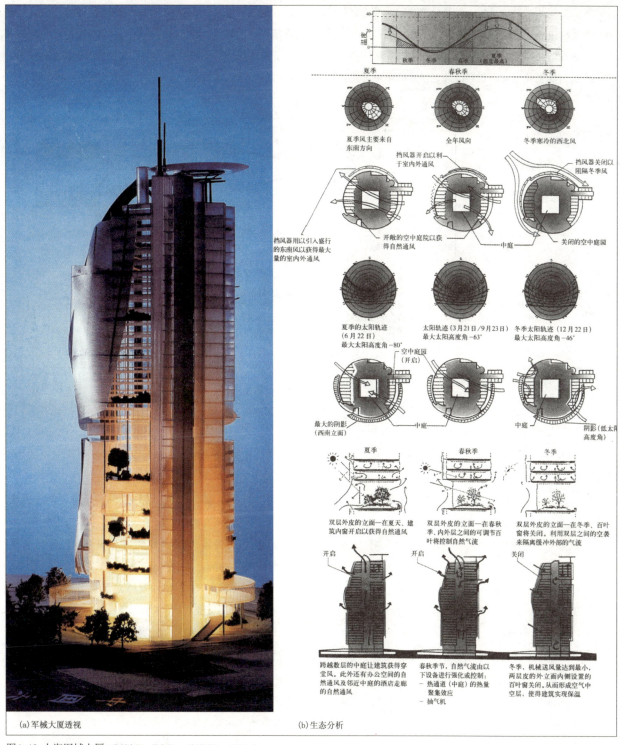

图4-46 上海军械大厦（资料来源：吴向阳，《杨经文》，2007。）

区，此外还能像建筑的"绿肺"一样生成氧气，以此改善建筑的微气候。遮蔽风雨的外部设备是一个多功能的过滤器，能够抵抗各种恶劣的天气状况，同时又保证面向周围城市空间的宽阔视野，而占满屋顶的弯曲的太阳能电池板则为建筑提供了足够的能量[②]。建筑采用双层立面，使其中的空气层充当室内外温度的过渡层：夏天，满栽绿色植物的中庭通过"烟囱效应"提供楼层通风的动力，带走室内过多的热量；冬天，双层立面内封闭的空气层用于缓和室内热量的散失，一个巨大的风挡使强烈的西北风转向。同时建筑中采用的热交换器使因机械通风系统的废气排放而损失的能量减到最少[⑬]。军械大厦将众多的运用生态气候学的设备引入到建筑内部并加以整合，由此形成了一个在设计与风格上独具特色的、主动式与被动式生态技术应用相结合的建筑，它不再是人们想象中的传统意义上的高能耗、高成本的高技术建筑，而是更符合地域特征的生态高技术建筑。

通过梳理脉络和分析实例，1979~1998年我国高技术建筑发展历程主要以建筑材料、建筑技术的革新为主要特点。20世纪90年代前以境外建筑师的独立创作为主，国内建筑师积极学习、模仿西方高技术建筑作品；20世纪90年代后国内建筑师逐渐找到了几条独立创作的道路，境外建筑师的创作也逐渐转为中外合作的创作模式（图4-47）。

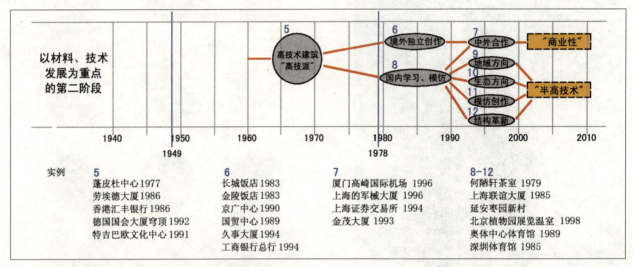

图4-47 1979~1998年我国高技术建筑发展脉络（资料来源：作者自绘。）

注释：

1．建筑创作编辑部．改革开放30年[J]．建筑创作，2008，12：56．

2．彼得·罗，关晟．承传与交融[M]．北京：中国建筑工业出版社，2004：117．

3．徐尚志．我国建筑现代化与建筑创作问题[J]．建筑学报，1984，9：10．

4．熊明．建筑创作与时代精神[J]．1985，1：2．

5．王华彬．"新的技术革命"和我们的对策[J]．建筑学报，1984，4：1-6．

6．梁匡时．谈我国建筑机械化[J]．建筑机械化，2000，6：19．

7．郝曙光．当代中国建筑思潮研究[M]．北京：中国建筑工业出版社，2006：105．

8．彼得·罗，关晟．承传与交融[M]．北京：中国建筑工业出版社，2004：124．

9．安德鲁·米勒，爱迪生·雅比库著．黄蓓编译．上海久事大厦[J]．时代建筑，2002，5：110-115．

10．陈缨．细部的魅力[J]．时代建筑，1998，4：27-31．

11．高静．黄土高原传统村落文化重构[J]．西北建筑工程学院学报，2001，12：35-38．

12．张宇主编．2008 OLYMPIC[M]．天津大学出版社，2008：145-149．

13．本刊编辑部．深圳体育馆设计[J]．建筑学报，1986，10：50-52．

14．杨冬江，李冬梅．境外建筑师与中国当代建筑[M]．中国建筑工业出版社，2008：51-95．

15．古今．跨世纪的上海金茂大厦[J]．时代建筑，1994，3：2-4．

16．陈星焘．厦门高崎国际机场3号候机楼结构设计简介[D]．前北京工业建筑设计院结构专业技术研讨会同仁论文汇编，内部资料，1999，4．

17．彭怒．试论高技派的勃兴及其对国内建筑的影响[J]．建筑学报，2000，10：7-11．

18．吴向阳．杨经文[J]．中国建筑工业出版社，2007：131-139．

19．田永英，舒平．上海军械大厦的设计分析[J]．山西建筑，2006，10：25．

第三章 实验期 我国高技术建筑引领潮流（1999年至今）

我国的高技术建筑在经历了新中国成立后的独立探索、侧重结构革新，以及改革开放后充分吸取西方经验、侧重建筑材料、技术的发展这两个阶段后，已经具备了充足的实践经验和一套较为成熟的解决高技术问题的手段，这些探索使得我国高技术建筑创作水平逐渐接近了世界先进水平。在这一阶段中，福斯特、赫尔佐格等多位高技术建筑方面的著名建筑师的参与，也反映了中国建筑界在此类建筑的设计、施工方面已经有了很大提升，能够协助国际大师进行创作并有实力进行施工图设计，用创新思维和高技术手段使他们的一系列奇思妙想变为现实，甚至一些国内设计机构已经具备了独立设计高技术建筑的实力。

这一轮发展涉及了从设计、技术、结构、材料的创新，到施工、管理等方方面面，使中国的高技术建筑得到了一次全面提升，并在一些重大项目上走在了世界前沿。

第一节 社会及建筑界背景

一、此阶段的国外影响因素

从世界范围看，20世纪70年代后人们已经开始深入地反思高技术建筑发展中所出现的问题，并逐步将这种思考带入到建筑实践中来，使高技术建筑产生了种种蜕变，可以说是继信息技术革命后给高技术建筑带来的又一次冲击。概括起来主要有以下五个方面。

1. 高技术建筑自身的局限性

由于物质意识的日益强烈以及对技术的盲目崇拜，使人与自然产生了较为明显的疏离甚至是对抗，给高技术建筑带来了直接或间接的影响，并导致其走向一种极端。高技术建筑从其产生的第一天起就以注重科学性、逻辑性和系统性等理性因素而著称，建筑师在设计中试图最大程度地追求建筑技术，把技术的精确、细致及和谐视为其创作的根本，但他们却忽视了技术的本质是受制于文化的本质，受制于处在一定文化背景下的人[①]。建筑技术虽然得到了极大的发展，人类似乎也可以随心所欲地创造出想要的生活环境，然而对于自然以及文化的忽视却在高技术建筑的发展中逐渐显现出来。如图4-48所示，过于机器化的高技术建筑脱离了城市文化，也拉远了与人的距离。

2. 可持续发展对建筑的要求

早期的高技术建筑，由于强调技术应用、细部构造等一系列特性，使其在实施过程中成本较高，对于能源的消耗较大。在能源危机日益严重的今天，高技术建筑如何实现可持续发展所提出的目标，寻求人居与自然环境的和谐共生，是一个亟待解决的问题。终于，经过20世纪80~90年代的生态性探索后，在20世纪末，人类在生存环境面临严重危机的情况下提出了可持续发展的口号。1996年，福斯特、罗杰斯、皮亚诺、格雷姆肖参与了与赫尔佐格草拟的《建筑和城市规划中应用太阳能的欧洲宪章》的评议和修改，标志着高技术建筑开始将生态问题摆在了重要位置。在德国议会大厦穹顶之后，这一时期对高技术建筑中如何使用生态技术、如何体现当地气候条件的探索更加深入，设计了像英国新议会大厦（1997年，迈克尔·霍普金斯，图4-49）、伦敦市政厅（2002年，诺曼·福斯特，图4-50）等许多成功的大型生态高技术建

图4-48 伦敦第四电视台大楼（资料来源：《世界建筑导报》，1997，05/06。）

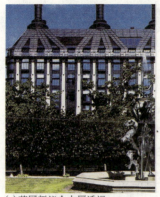 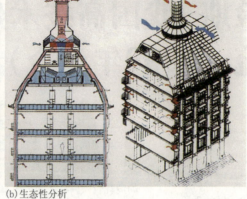

(a) 英国新议会大厦透视　　(b) 生态性分析

图4-49 英国新议会大厦（资料来源：《华中建筑》，2004，3。）

 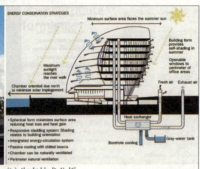

(a) 伦敦市政厅　　(b) 生态技术分析

图4-50 伦敦新市政厅（资料来源：《Architecture Record》，2003，2。）

(a) 波尔多地方法庭　　(b) 室内

(c) 立面

图4-51 波尔多地方法庭（资料来源：《理查德·罗杰斯》。）　　图4-52 加里艺术中心（资料来源：《诺曼·福斯特》。）

3. 地域建筑理论的影响

高技术建筑虽然一直以来被认为是高科技产品，与地域、传统等没有必然联系，但由于地域建筑理论影响深远，最终还是涉及高技术建筑中来。不同于狭义地域理论具有怀旧和片面性的倾向，这里提到的整体地域建筑理论体系与高技术建筑有着相同的哲学基础，即两者都强调理性的思路；此外，与后现代建筑理论也有所不同，它更强调对地方文化及其传统特色进行理性的分析，对建筑地域性不仅要表达，同时还注重其构筑的真实性。近年来，对地域性的探索已经不再局限于形式上与周边环境融合，而更多的是提倡一种精神、文化上的传承。如罗杰斯的波尔多地方法庭（1994年，图4-51）不仅体现了高技术特色，又与邻近的大教堂取得对话；福斯特的加里艺术中心（1993年，图4-52）在尊重历史的同时，通过机器美学的理念折射出时代的变迁带来的生机与变化。这些都是对地域理论与高技术建筑深层次结合的优秀作品。

4. 智能建筑理论的影响

智能建筑的产生是计算机、信息技术发展的必然结果，自1984年第一幢智能建筑Sity Place在美国哈特福德市建成后，短短20多年的时间里，全球范围掀起了一场"智能建筑"热潮。目前，智能建筑的发展已不仅仅局限于办公智能化，而是将其和绿色建筑设计理念融为一体，通过建筑、设备和智能化系统来提供节能、环保的生活空间，以实现人类聚居环境的进一步科技发展，为高技术建筑提供更为有效的高科技平台。例如：将遮阳、散热和太阳能收集、自动控制一体化的塞尔维亚博览会英国馆（1992年，格雷姆肖）、自动控制百叶角度进行遮阳、通风的巴塞罗那Agbar大楼（2004年，让·努维尔，图2-54）等，都为智能建筑提供了很好的发展方向，对我国的高技术建筑发展也有很大影响。

建筑师们在考虑到高技术建筑如何与地域理论、可持续发展观、智能建筑理论相结合等问题的同时，也在审视其发展中自身带来的局限性，这对于高技术建筑进一步发展起着十分积极的作用。由于改革开放后中外交流日趋频繁，国内建筑师经过上一阶段的发展已经熟悉了此类建筑，逐渐开始透过设计实例考虑一些深层问题，使得这些高技术建筑的蜕变方式也在间接影响着这一阶段我国高技术建筑的创作。

二、我国建筑界背景

1999年，新中国成立50周年，改革开放20周年，经济建设取得了丰硕的成果。在成功度过了1997年的亚洲金融危机后，1998年的国内生产总值已达到79553亿元，建筑业更是增长迅速，全年完成增加值5609亿元；与此同时，人均收入迈过700美元大关，一举摆脱低收入国家的帽子，人们的消费倾向也发生了很大的变化②。随着经济的快速发展，2001年中国正式加入世界贸易组织，并先后获得2008年北京奥运会和2010年上海世博会的主办权，不可逆转地加入了全球一体化进程。生机勃勃的经济、开放而巨大的国内建筑设计市场，吸引了全球设计机构的目光。

开放的中国，如何树立自己崭新的形象，是继续开放还是安于已经取得的成就，这些问题似乎在国家大剧院的投标活动中提示了人们答案。这是第一次以中国政府的名义进行的全球设计招标，中国建筑师第一次感受到可以和世界一流的建筑师同场竞技，并且受到同等关注。国家大剧院也是奥运会、世博会周期的第一个重大项目，因此1999年不仅是中国经济，也是高技术建筑发展划时代的分界点。新一轮的发展，形成了结构、技术、材料，以及从施工到管理的全面高技术化，而此时期中国建筑界与国外交流频繁，能及时掌握国外建筑技术的最新动态，并将有用的技术应用到我们的高技术建筑中。

在技术领域，国内建筑师对风格流派的关心明显减少，对技术的重视日益增强。许多建筑师已经从只注重形式、片面地模仿现代建筑外形，到开始追求技术上的进步，脚踏实地地对技术进行讨论。20世纪90年代中后期的建筑论坛上充斥着此类讨论，如叶耀先的《走向21世纪的建筑和城市技术》、王春山的《UBS万力板材——新型节能墙体材料》、胡慧琴的《膜material建筑》、林建平的《现代机场设计的若干问题》、王炳坤的《用模型法分析异形阶梯教室的光环境与声环境》、张国才的《应重视细部设计》、黄汉炎的《广州世界贸易中心玻璃幕墙技术》、傅信祁的《顶棚构造》等。这个时期，在《建筑学报》等各类核心期刊的版面上，几乎每一期都有技术创新层面的论文。

在设计领域，建筑师的注意力也从"创新"转为从各个不同的角度表现出对"创优"的追求。比如杨秉德的《不追流派新潮，但求尽善尽美——宜昌三峡机场航站楼设计》；齐康的《环境脉络中的建筑形态构成——东南大学榴园设计研究》；梅季魁的《效率和品质的探求——黑龙江省速滑馆设计》等文章③，反映出中国建筑界的有识之士已经认识到，中国建筑与世界先进水平的主要差距是在技术环节：设计成果的完成度不高，无法指导精确的施工，建筑细部无法体现良好的理念。由重外观到重技术，由重量到重质，中国建筑师的这些变化是喜人的，这样也就不难理解为什么我们能在追赶世界潮流的道路上越走越快。

在设计制度方面，已从20世纪70年代末的业务经营市场化，发展到90年代的人力资源管理、项目管理模式的市场化，再在90年代末转变为产权制度多元化的市场化模式，提高了建筑界的发展效率以及设计人员的积极性。此外，随着建筑的外延不断扩展，功能及所涉及的专业技术领域日趋复杂，科技含量越来越高，这就需要建筑师不仅要具备创新性思维，还需具备将方案转化为现实的技术整合能力，而这种能力的提高，成为了实现这一阶段众多实验性高技术建筑的关键。

不过，对高技术建筑发展影响最大的还是我国建筑相关产业的快速发展，尤其是建材行业的快速发展，使高技术建筑的材料基本实现国产化，大大降低了造价。比如与其联系最紧密的钢材，2006年的产量超过了4亿t，占世界总产量的1/3，并在新钢种研发、钢材质量提高等方面取得了令人瞩目的成绩（图4-53、图4-54）④；水泥工业科技发展以新型干法生产技术的发展为主导，2004年生产线已发展到404条，国产化程度高达90%；玻璃方面，浮法玻璃在超厚和超薄的生产技术方面取得重大突破，其中19~25mm厚优质浮法玻璃的生产填补了国内空白，低辐射玻璃产品质量也达到了国际先进水平，中科院自主开发生产的自清洁玻璃（纳米技术）已用于国家大剧院屋面，成为其众多高技术中的一项；代表建材行业高技术的无机非金属新材料，不断扩大应用领域，提高了我国在高技术领域的竞争力；在建筑卫生陶瓷工业技术、玻璃纤维池窑拉丝生产技术、复合材料（玻璃钢）方面的提高也非常快⑤。此外，改革开放后完成的众多高质量的建筑工程坚定了我们继续发展机械化施工的决心，并在这一时期提出了下一步发展策略：在基础好、机械化程度较高的地区大力研发处于科技前沿、具有知识密集型特点的新兴技术，在机械化程度较低的地区继续提高机械化程度，并注重向机电一体化、自动化、多功能、环保等方向发展。机械化程度的大幅度提高为这一阶段实验性高技术建筑的实现作

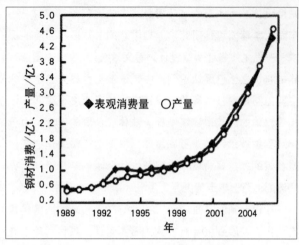

图4-53 1989～2006年中国钢材消费和产量（资料来源：《钢铁》，2008，2。）

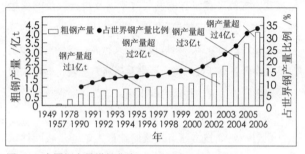

图4-54 中国钢产量增长曲线（资料来源：《钢铁》，2008，2。）

了重要铺垫。

经济的发展、科技的进步、机械化程度的提高、世界著名设计机构的参与带动了新一轮高技术建筑的全方位发展，也加快了技术的研发和普及的速度，使我国高技术建筑的发展速度越来越快。

第二节 阶段剖析

这一时期西方高技术建筑产生的种种蜕变也在影响着国内的发展。我国的实践在前一阶段的基础上进一步发展，形成了四个主要方向，分别是：地域高技术建筑、生态高技术建筑、一般高技术建筑以及实验性高技术建筑。

其中，前两者虽与第二阶段有着顺承关系，但区别也很明显。改革开放后，由于受后现代主义影响以及民族自尊心的驱使，在寻找适合自己的高技术建筑实践道路中，建筑师很自然地想到运用民族形式或者包含传统建筑元素的建筑形式，因此进行的地域性探索相对较为表面化，拘泥于形式的成分多一些；然而随着国内建筑界对整体地域建筑理论有了更深的了解，从20世纪90年代末期开始的地域性探索更多的是挖掘深层次的地域特征，从形式层面上升到了精神、文化层面。而生态问题在20世纪80年代更多地是以讨论为主，实践上的探索多局限在尝试不同的适宜技术、生态技术以达到节能的目的；而由于后来国际上出现了大量生态高技术建筑的实例，拓宽了建筑师的思维，开始尝试主动、被动相结合的高技术方式，实现了真正意义上的生态高技术建筑。

在一般高技术建筑方面，则继续着建筑结构、材料、技术环节的革新。此时，不仅境外建筑师在内地的许多作品具备了国际先进水平，国内建筑师也开始摆脱单纯的形式模仿，而转为自主创作。

"实验性"高技术建筑是这一时期的亮点，许多前沿技术在我国率先引入实践，新型结构形式、建筑材料、施工技术使得他们成为了国际建筑界的焦点。虽然由于造价、与环境协调等方面的原因曾引起了激烈争论，但是从高技术建筑的发展角度讲还是有着里程碑式的意义。

一、地域高技术建筑

高技术的选择与使用只有植根于本土文化的深厚土壤，体现出本地区的文化内涵，才是21世纪的高技术建筑。中国是一个传统文化极为深厚的国家，要实现高技术建筑地域化道路的良性发展，建筑师必须下工夫学习和继承中国的传统文化，并在此过程中实现对传统文化的创新与发展。此阶段的地域性高技术建筑在对精神、文化传统的诠释上更进了一步，不仅是中国建筑师，境外建筑师也更加重视结合中国传统特色进行创作，并且取得了一些成功实例。

华东建筑设计研究院和德国KSP事务所合作设计的国家图书馆二期工程（2008年，图4-55）位于现在的国家图书馆大楼北面，主要从两个方面体现了地域性。首先，建筑群体考虑从城市形态、建筑体量和尺度上让新馆与旧馆既相互尊重、产生对话，又能保持各自的特色。主要做法是：让整个图书馆建筑群体在视觉上形成整体，并使城市街路边界向北延伸；新馆入口形态从其形式和比例都是旧馆入口阶梯的呼应；为了控制新馆的体量使其与旧馆协调，将闭架书库等大量辅助用房设在地下，防止新馆体量过于庞大，使其总高度与旧馆大屋檐一致[①]。其次，建筑单体体现出了中国文化及精神内涵。作为古典建筑结构的现代演绎，新馆追求的是文化和历史的密切关系。外观给人印象最深的是它完整的立面形式和耳目一新的简约风格，但仔细分析，可以看出该建筑由以下五个部分组成：基座、楼梯、柱、屋面、院子。作为一个对传统建筑的现代表现，该建筑充分结

(a) 国家图书馆二期工程透视

(b) 室内

(c) 剖面图

图4-55 国家图书馆二期工程(资料来源:作者自摄;《建筑创作》,2003,11。)

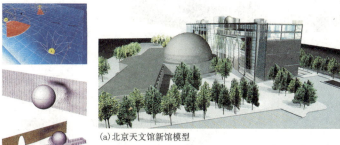

(a) 北京天文馆新馆模型

(b) 立面图

(c) 构思分析图

(d) 入口局部透视图

(e) 新馆旧馆关系图

图4-56 北京天文馆新馆(资料来源:作者自摄;《建筑学报》,2003,11。)

合了中国的历史和文化。其中:突起的基座(容纳了四库全书的经典图书馆)——代表过去,支撑的柱子——一个读者互动的历史、文化平台——代表现在、悬浮的屋顶(数字图书馆)——代表未来,基座、柱子、屋顶这三个元素,同时也是中国传统建筑特别是公共建筑的三个重要组成元素,新馆的造型设计是从功能上对这三个历史元素的现代诠释。新馆的结构分成两个部分:下面5层(即地下3层和地上2层)构成基座,其边缘长度为90m×119m,由7.5m×7.5m的柱网支撑;悬浮状的"大屋顶"由两层高的巨型桁架和横向构件形成立体的桁架体系,尺寸为115m×105m,仅需6个脚座支撑。整个建筑的设计突出了历史与现代的结合,突出了地域高技术建筑的特点。

在历史建筑旁边修建新建筑的重中之重在于使新建筑突出文脉传承,这已经成了建筑师们的共识,如卡里艺术中心、德国议会大厦穹顶的成功都得益于与旧建筑形成的良好的对话关系。航天院设计院和美国王弄极事务所合作设计的北京天文馆新馆(2003年,图4-56)是继国家图书馆新馆后在中国的又一个成功实

国内建筑师在此方面也有一些成功实例。如：北京国家电力调度中心（2001年，华东院，图4-57），建筑通过对结构技术的演绎和对材料恰如其分的运用，形成一个符合地域文脉的、理性而趋于节制的符号载体。以金属材料着重表达檐部结构的结构逻辑关系，使其逐步上升，产生了传统屋顶"举折"效果；平面围合布置形成一个"内向"的四合院式中庭布局，借助现代技术创造开合式天幕，营造出传统民居气息的共享庭院空间，正如设计者所言，"倾向于保持一种平和的心态，以含蓄的方式来展示中华民族的文化内涵"。

(b) 构件局部
(a) 国家电力调度中心透视

(c) 地域性体现　　　　(d) 中庭透视

图4-57 国家电力调度中心（资料来源：作者自摄；《建筑创作》，2008，6。）

例。老馆建于1957年，建筑高度10.8m（穹顶23.8m），以西方古典式构图手法诠释了20世纪早期对宇宙秩序的理解，新馆建筑面积约为老馆的7倍，且高度近30m。为了不让老馆被新馆的巨大体量所压迫，破坏老馆的建筑艺术效果，新馆以较单纯的体量插入老馆南侧的狭长空间，让新馆成为老馆的一面背景墙，使新旧建筑之间由对抗性变为互为映衬的对话关系，并为西外大街南侧提供了一处难得的开放性空间。在单体设计上，设计者从相对论、弦体理论等代表人们对宇宙内在本质最新理解的物理学概念中获取灵感，形成了独特的建筑语言。建筑材料方面，双曲面中空玻璃幕墙等高技术材料处理手段将玻璃材料的热塑性表达得淋漓尽致。新馆从高技术建筑材料、"弦体"等现代建筑语言与老馆庄重、均衡的厚重体量形成的鲜明反差，如实地标注出二者在时间上的跨度与设计思想上的变迁，传承了老馆的历史和精神[②]。

建筑师合理利用先进的建筑技术和手段，同时在布局上为适应将来技术的发展而留有余地。外墙采用隔热式全单元玻璃幕墙系统，利用断热冷桥的构造，达到了良好的效果；中厅屋顶采用可开启式移动天幕，并由传感装置自动控制。除此之外，在结构工程、室内外幕墙工程、室内装饰工程、机电工程和智能化弱电系统等方面推广使用了大量的新技术、新材料、新工艺、新设备，均与其复杂的结构、独特的建筑艺术效果和完备的使用功能相适应。

对地域性问题的探索不仅能更好地适应当地的文化氛围，博得公众认同，也为高技术建筑提供了一条很好的发展道路。

二、生态高技术建筑

从20世纪90年代开始，生态建筑理念渗透到了大部分建筑的设计当中。高技术建筑作为能耗较大的建筑类型更需要结合生态技术进行设计。欧洲的一些建筑师如诺曼·福斯特、理查德·罗杰斯、尼古拉斯·格雷姆肖、托马斯·赫尔佐格等纷纷创作了一批具有探索性、代表性的生态高技术建筑，给予人们许多经验和启示[®]。

近年来，国内在从粗放式转向集约型经济发展的过程中，最重要的一点就是节约能源，建筑业作为耗能大户，自然是首当其冲。2005年7月国务院发布《关于做好建筑节约型社会近期重点工作的通知》，强调公共建筑节能要作为"排头兵"，2006年又举办了"第二届国际智能、绿色建筑与建筑节能即新技术与产品博览会"，都显示了国家希望建设绿色、生态建筑的决心。因此，重点发展运用当代高新技术、提高建筑能源使用效率的生态高技术建筑，不仅实现了建筑本身的生态、节能，更重要的还在于对先进生态技术的测评、实验和推广方面贡献很大。

国内在上一阶段的发展中，更多的是结合当地气候，将节能技术及适宜性技术应用于建筑的探索方面。而在这一阶段，通过学习国外建筑师的经验和先进技术的引进、探索，在建筑设计中综合利用主动、被动两种方式使高技术建筑生态化，并大量使用高技术生态手段，实现了真正的高技术生态建筑。

北京西环广场（2005年，图4-58）由法、中、美三国设计师联合设计，该建筑的生态智能化设计，造就了北京首例全阳光写字楼。建筑体形体现了建筑功能与形式的统一，各种功能划分清晰，北京北站、城铁车站、换乘中心、办公塔楼、商业中心等，不同功能的使用空间集中设置在较为简洁的几何体内。塔楼的立面为轻巧细致的玻璃幕墙，采用金属钢结构外覆双层玻璃的做法，每楼层间设3组玻璃窗，其中间窗扇可开启，便于自然通风；塔楼南侧立面从其屋顶至群房屋顶（六层）高度间设有遮阳装置，每个遮阳板由7根铝合金管组成，管内穿有金属骨架，上千个这样的单元为通透的玻璃幕墙挂上了一道"珠帘"，构成了幕墙的外层。玻璃材质方面，4个立面全部采用高

(a) 西环广场模型

(b) 透视图

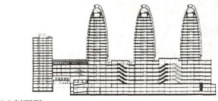
(c) 剖面图

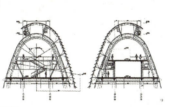
(d) 顶层结构图

(e) 幕墙细部

图4-58 北京西环广场（资料来源：business.winfang.com；作者自摄；《世界建筑》，2008，8。）

(a) 清华大学设计中心楼

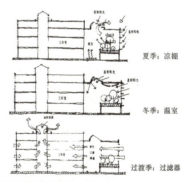
(b) 绿色中庭分析

(c) 中庭透视

(d) 屋顶太阳能板

图4-59 清华大学设计中心楼（资料来源：作者自摄；《建筑创作》，2002，10。）

级LOW-E低辐射玻璃幕墙，钢化双层中空玻璃的厚度为8mm，中空层12mm，为欧美高档写字楼专用的先进材质，不仅将城市"光污染"减少到最低值，降低能耗，而且最大限度地拥有采光面积。仅10.6m的进深，可充分利用自然光源，办公区域的任何地方，都不会因建筑形式及结构差异产生采光死角。建筑主体混凝土结构体系在21

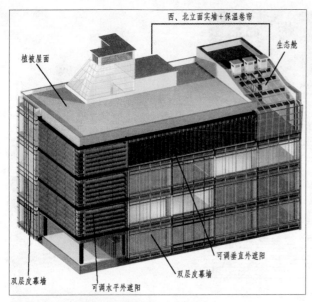

图4-60 清华大学超低能耗示范楼（资料来源：《id+c》，2006，3。）

层进行转换，在塔楼顶部22层与23层的主体结构形成弧形的钢结构，在这里玻璃幕墙既是外墙面又是屋顶。幕墙通过钢缆等与金属拱顶联结。玻璃板、双层玻璃和非标准板件的断面均为弧形。

清华大学作为国家生态技术攻关项目的承担单位，近年来在其校内多栋建筑的设计中，均融入了生态、节能的高新技术，建筑自身成了技术研发的场所，能够真实地对应用于建筑的技术手段进行评测，这其中以设计中心楼（1999年，清华院）、超低能耗示范楼（2005年，江亿）、环境能源楼（2007年，MCA事务所、中建院）最为引人瞩目。

建设最早的设计中心楼（图4-59）是国内第一个将"生态建筑"理念应用于办公楼的尝试，也是国内在高技术生态手段上的一次探索。在建筑设计上遵循可持续发展的原则，通过采用缓冲层策略精心设计窗、墙等外维护结构来减少能耗及创造宜人的室内环境，在屋顶设置架空层并布置太阳能板来获取能源、加速屋顶的空气流动，设置绿色中庭改善室内微气候、美化环境，加上遮阳板、太阳能利用等方面的精心设计，将办公楼建成一座比较现代化的富有特色的绿色办公楼[⑩]。

超低能耗示范楼（图4-60）是我国的首座节能示范楼，作为2008年奥运建筑的"前期示范工程"，集中展示了近百项国内外最先进的生态技术产品，是一个以真实建筑为基础的试验台。设计者在建筑与环境的关系上，深入分析周围环境和气候特征，挖掘场地本身的积极因素，并采用微型园林、人工湿地、植被屋面、生态舱等技术，对自然环境做出了生态化补偿。选择钢结构作为结构体系，主要考虑到其自重轻、排放CO_2少、便于材料的回收利用等优势。楼层架空地板采用相变蓄热地板，可大大增加地面的蓄热性能，有效调节室内温度波动。维护结构方面，由于选用了近十种不同的外围护结构做法，重点强调了应变性和智能化，人工性能十分优异；南侧墙体为了既获得良好的景观又避免太多的阳光照射，使用了高性能真空玻璃幕墙，外置自控水平百叶遮阳；北侧、西侧则采用高保温隔热墙体。植被屋面除了可为室外环境增加绿量、加强生态功能外，对改善屋面的保温隔热性能、减少能耗也起到了积极作用。北侧顶楼为生态仓，运用被动式太阳能利用技术，冬天减少采暖能耗，夏天遮挡太阳辐射，其室内布置微型植物群落，以增加人与自然的接触，改善室内空气质量。室内环境采用被动式节能（大多数时间）和主动式节能（少数时段）相结合的策略，另外在建筑的能源供应和空调设备系统中也采用多项节能措施和可再生能源技术。整座大楼引入楼宇控制系统，可有效地降低建筑运行过程中的能耗和管理成本，并创造出健康高效的工作环境[⑫]。

环境能源楼项目（图4-61）以欧洲先进的设计和技术为依托，是一座智能化、生态环保、能源高效型的新型高技术办公楼，另外，它还为我国城市建筑物温室气体排放的削减提供示范。通过对日照遮阳模拟、能耗预测分析和通风模拟组织的策略确定出的建筑外形为：平面C形、阶梯状由北向南对称跌落，楼层的退台是为了能够得到最大限度的日照并给予内部花园更大的空间。使用的高技术生态设计策略主要有：运用最新技术和特殊的设施（遮阳装置、PV板、特定的植被）、采用有利于构造生态建筑的结构形式（钢结构）、能源系统设计（冷、热、电三联供系统）、水系统的综合利用、BMS智能化管理系统（不仅控制联共系统、变配电、送排风、给水排水、建筑物室内外照明，还能够对室内温湿度、CO_2浓度、照度、人员情况进行探测和监控）、太阳能发电系统（遮阳板面层覆盖太阳能PV板，与配套设备构成太阳能发电系统）。由于采用了世界最先进的高技术节能措施，节能效果显著[⑪]。

与此同时，上海市生态节能办公示范楼也是同一时期建造的一栋生态高技术示范楼。这一系列生态高技术示范建筑的建造使我们有了对众多生态高技术手段的实际测评和亲身体验的机会，通过各项措施的综合应用，使得办公楼在环境控制、能源节约、室内外舒适度等方面有良好的表现，为下一步的应用、改进及技术推广做了十分重要的准备工作。

除了示范楼外，商业建筑也越来越提倡生态高技术的应用。SOM设计事务所近期在北京的一个设计，中国最大的环楼双层呼吸式玻璃幕墙——凯晨广场（图4-62）于2008年正式启用。整个建筑外观全部采用玻璃幕墙，

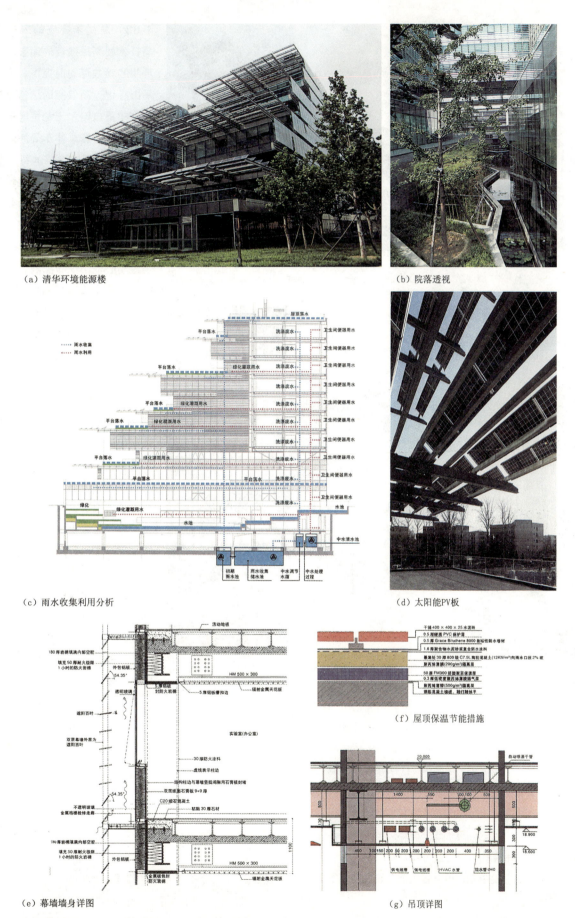

(a) 清华环境能源楼
(b) 院落透视
(c) 雨水收集利用分析
(d) 太阳能PV板
(e) 幕墙墙身详图
(f) 屋顶保温节能措施
(g) 吊顶详图

图4-61 清华大学环境能源楼（资料来源：作者自摄；《建筑学报》，2008，2。）

(a) 凯晨广场效果图　　　　　　　　　　(b) 幕墙局部

图4-62 北京凯晨广场（资料来源：《北京市建筑设计研究院作品选》；《建筑学报》，2008，6。）

图4-63 广州珠海大厦（资料来源：《城市建筑》，2007，1。）

图4-64 新保利大厦（资料来源：作者自摄；《建筑创作》，2008，1。）

面积达到了5万m²，成为中国乃至世界建筑史上使用玻璃幕墙最多的单体建筑之一，而更为瞩目的则是其生态效果。整个幕墙由三层玻璃构筑：最外层采用夹层玻璃，平整度好，减少折射；内层玻璃则用了LOW-E玻璃，隔热性能强，可将外部热量反射，或阻止热量进入；内外两层幕墙之间留有一个宽180mm的空间，室外空气通过位于外幕墙玻璃窗上部和下部的开缝形成外循环，同时还在幕墙之间设80mm宽的带穿孔的铝合金百叶遮阳，先进的楼宇自控系统连接电脑总控中心，可以根据季节和气候条件自动改变遮阳角度[2]。

69层高的广州珠海大厦（SOM建筑事务所，图4-63）是尚未建成的未来理想高技术超高层建筑的缩影，在与环境和谐共存的前提下，建筑采用图标化、高效能的结构形式，实现能量自给。无论是建筑形式的推敲，还是总体布局的研究，这栋303m高层建筑的每一个方面都是为了充分利用风能和太阳能而考虑的。大厦面向主导风向设置，充分利用风能以减少结构的风荷载压力。换言之，风能在经过精心地组织和控制后，变成能够帮助建筑增加结构强度的"隐形背带"。大厦的主体形式能够将风流导向大厦机械控制层的一对缺口上，流动的风推动涡轮，从而产生供整幢大厦使用的能量，用以控制大厦的供热、通风及空调系统；同时，缺口使疾风穿越建筑，大大缓解了直接吹在建筑上给结构带来的压力，减轻了建筑迎风面的承载压力，也减少了建筑背风面潜在的消极压力。设计最大化地利用自然光，减少空调房间和对太阳能的吸收，对雨水进行回收处理再利用，充分利用太阳能资源为建筑提供热水，这些措施大大减少了建筑能耗。整栋办公楼的冷却系统由一系列设备组成：排风口、辐射冷却器以及大型热冷却箱。大厦代表了办公建筑设计的新标准，将成为新世纪生态高科技摩天楼的楷模和典范[3]。

虽然已经有了许多成功实例，但一些引进的生态高技术示范建筑"造得起"却"用不起"，给业主造成了沉重的负担。因此，在发展生态高技术建筑时，应有选择地引进适合中国国情的、可以进行普及的生态设计技术，同时需要加强国内相关方面的研究和开发力度。这样，我国的生态高技术建筑才能走上正确的发展道路，避免重复一些发达国家在这方面所犯过的错误。

三、一般高技术建筑

在前两个阶段发展的基础上，这一时期的高技术建

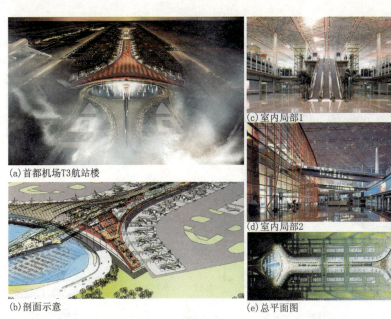

图4-65 首都机场3号航站楼（资料来源：作者自摄；《建筑创作》，2008，2；新华网。）

(a) 首都机场T3航站楼
(b) 剖面示意
(c) 室内局部1
(d) 室内局部2
(e) 总平面图

图4-66 上海环球金融中心（资料来源：作者自摄。）

(a) 南京国际展览中心透视

(b) 鸟瞰

图4-67 南京国际展览中心（资料来源：安晓晓摄；《建筑学报》，2003，3。）

筑在结构、材料、技术等方面的革新仍在继续进行。一些设计作品的设计、施工水平已经符合国际发展趋势，甚至达到国际领先的程度。这不仅是上一个阶段向西方努力学习的结果，同时也得益于国内建筑界各相关行业在改革开放后的高速发展。正如SOM中国区负责人在谈到中国建设的时候曾说到，以前从方案到施工图设计都要有专人进行指导，建筑材料几乎所有都需进口，然而近年来中国在建筑材料、建筑技术和施工系统上的变化是惊人的，很多已经达到了国际标准。

有着"北京第一中庭"之称的新保利大厦（2007年，SOM，图4-64）就是在新结构及施工技术上的一大创举。该建筑拥有多项顶级水准的设计，其中90 m×70 m的单层双向网索玻璃幕墙技术为国内首次大面积使用，面积之大与施工难度堪称世界第一（目前世界上同类玻璃幕墙以德国慕尼黑凯宾斯基饭店的面积为最大，但其高度只有45m）。不同于常规的框式玻璃幕墙，它拥有绝佳的视觉通透感，在无框的网索结构上，以柔性的钢索巧妙穿梭，钢索两端采用可调节的预应力连接件固定在主体结构上。另一个特色是大厦北面的特式吊楼，为一座底部无支撑的钢结构悬吊体，结合了中国传统文化元素（叠式灯笼造型）与现代技法，由4根斜拉索分两点将吊楼顶部与核心筒顶部联结，悬挂长度达50m，连接处的锚固点拉力高达2000多t；将机械转动装置引入高层建筑是"特式吊楼"的又一大亮点，在4根主钢索下设计了可双向转动的机械摇摆装置，有效地解决了在强震作用下结构产生不平衡位移的难题。另外，大厦西侧、南侧采用的竖向石材遮阳百叶，即在玻璃幕墙外再设置一层与其有一定角度的竖向石材百叶（选用黄色意大利洞石），是节能和装饰作用的有效结合。新保利大厦结构以其巧妙的设计、特殊的产品材料、复杂的施工、单立面受力跨度大而成为了一栋不折不扣的高技术建筑[20]。

新落成的首都机场3号航站楼（2007年，福斯特，图4-65）建筑形象寓意为一条"龙"，总建筑面积98.6万

m², 是全球最大的单体航站楼。屋顶部分是整个建筑中具有最高技术含量的结构体系,连续的曲线屋面将不同楼层的建筑整合在一起,设计成连续统一的造型,从视觉上把两个航站楼单元联结在一起,整个青钢网架结构屋顶被约36m间距的钢柱支撑,采用了高层建筑用钢;支撑航站楼屋顶的298根钢管管壁厚达50mm,300多个用于自然采光的天窗,夜间流光溢彩的屋顶都有赖于这298根钢柱的支撑;由于采用了梭型结构,这些钢管柱最大直径为3.06m,最细部分的直径仅为1.06m,把如此厚的钢板焊接成一个两头小中间大的柱体用于支撑屋顶,这在国内是从未有过的。3号航站楼的另外一个特色还在于引进了具有领先意义的特种机械技术——旅客捷运系统(APM)和高速行李分拣与传输系统(速度达10m/s)。此外,为保证视线开阔的倾斜式悬挂玻璃幕墙、有龙鳞意义的采光天窗设计都最大程度地保证了建筑的人性化以及地域性、可持续发展思想。3号航站楼开创了航空建设史上的一系列第一,引领了枢纽航站楼的发展方向。

这一阶段国内修建了一批具有特色的超高层建筑,上海环球金融中心(2007年,KPF,图4-66)可谓最有特色、技术含量最高的一栋。这座多功能、先进智能型的摩天大厦建筑主体净高492m,在楼顶高度、认可到达高度这两项指标上成为当时的世界第一高楼。在结构设计方面可谓是一项复杂的系统工程,巨型结构体系由位于建筑物各个角部的巨型柱,以及联结巨型柱之间的巨型斜撑构成,共同承担了建筑物大部分的重力荷载。整个结构设计建立了完善的计算模型后采用了两个三维分析软件——

图4-68 上海龙阳路磁悬浮车站(资料来源:《建筑学报》,2005,6。)

(a)上海龙阳路磁悬浮车站
(b)室内透视
(c)剖面图

(a)国家大剧院透视
(b)新材料的使用
(c)纵剖面图
(d)穹顶内部透视
(e)水下廊道透视

图4-69 国家大剧院(资料来源:作者自摄;《建筑学报》,2008,1。)

ETABS和SATWE分析了结构在重力、风载和地震作用下的反应。建筑师、结构师在如何选用最有效的结构体系、如何建立完善的计算模型以及如何进行全面的计算分析等方面都作了关键性的研究,从构件、节点到平面,不断向上,最终逐步构筑了当时的世界第一高楼[⑯]。

南京国际展览中心(2000年,东南大学建筑设计研究院,图4-67)是我国建筑师自主创作的高技术建筑作品,设计追求高科技、高起点,以新材料、新技术、新工艺为依托,表达时代的特征,强调技术美学。建筑主体结构为钢结构,大跨屋面采用三角形圆钢管空间桁架结构,桁架之间为三角形空间檩架,整体构建简洁明快、刚劲有力,袒露结构构件的手法体现了高技术建筑风格,流线型的外部造型既与内部空间有机结合,又有利于自然通风。展厅部分点支式玻璃幕墙采用不锈钢拉索体系,节点工艺精致;彩钢板金属屋面为咬接式无钉体系,整体性强。除此之外,展览中心的技术表现还呈现某种装饰性倾向,南侧核心筒顶部造型为弧形点支式玻璃幕墙,背后支撑是铝合金网架结构,呼应主体弧形屋面造型。展览中心大量使用新材料、新技术、新工艺,其崭新形象也表达了建筑技术与美的结合[⑰]。

龙阳路车站(2002年,上海现代建筑设计集团,图4-68)作为世界第一条投入商业运行的磁悬浮线路的起点站,力求通过建筑设计所产生的视觉形象来表达磁悬浮列车高速度、高科技的内涵。设计从剖面入手,椭圆形的断面包含了整个站台层与站厅层,在椭圆形的外表面,采用了600mm×1800mm的铝合金挂板,形成优美、光滑、精致的机理的金属屋面;在椭圆形柱体两端,做了45°削角处理,从而使整个建筑在视觉上有一种动感,更具冲击力。车站的钢结构占整个结构的比例很大,设计时通过对细部的比例关系、尺度的推敲,反映出结构的受力特征,在结构的支撑节点、收头部位,甚至是室内玻璃栏杆的处理上,均力求表达这种思想[⑱]。

四、实验性高技术建筑

对此类高技术建筑的关注始于四个重要项目:中国国家大剧院、中央电视台(CCTV)新台址、中国国家体育场、中国国家游泳中心。这四个建筑也是此阶段最值得我们骄傲,并引起了业界巨大争论的建筑。之所以称其为"实验",主要是它们在设计方面具有一定的探索性、结构的实现具有挑战性、许多尚未评测的新技术新材料被应用其中,且施工技术极其复杂。各项关键性数据都需要日后进行详细测评,来分析这些高技术的可行性,并进行合理改进、技术推广。

国家大剧院(2007年,保罗·安德鲁,图4-69),屋面为椭球状钢结构壳体屋面,东西跨度212m,南北跨度144m,堪称"世界第一穹顶",穹顶下罩有一个歌剧院、一个音乐厅和一个剧院。总重为6750t,网壳面积为3.5万m²的钢结构穹顶整体结构不用一根柱子支撑,全靠弧形钢梁本身来承受巨大重力,壳体的实现对整体稳定性、整体刚度和抗震、抗风、抗雪荷载,及施工拼接、安装方面都有极高的技术要求,施工对接的最大偏差控制在1~2mm,在钢结构建筑史上达到了最高的精度标准。除了穹顶外,三个剧场中最大的歌剧院超高筒仓(方桶形结构墙体和劲

(a)国家体育场透视

(b)构思来源

(c)楼梯透视

(d)钢结构局部

(e)结构分析

(f)剖面图

图4-70 国家体育场(资料来源:作者自摄;《建筑学报》,2008,8。)

性屋盖体系）的结构实现、大剧院内不规则曲面墙体的浇筑成型的难度也很大。大剧院还使用了许多新材料，如穹顶的6000m²玻璃和30000m²钛板，分别采用了新型的纳米自清洁玻璃和纳米自清洁钛板，不仅质量轻、光泽好、耐腐蚀，而且不需要像普通金属以及玻璃一样的清洗工作，环保又节能；为了达到极佳的混响时间，音乐厅从吊顶到墙面都使用了一种比较特殊的材料GRC（一种玻璃纤维混凝土板材），其表面凹凸不平，既满足了装饰性，又符合了建筑声学要求。国家大剧院在攻克了一个个技术难题后，最终得到了实现，让观众在优雅的环境中享受文化成果的同时，也领略了高技术建筑的特色[⑭]。

国家体育场（俗称"鸟巢"，2008年，赫尔佐格、德·梅隆，图4-70）是北京奥林匹克公园内的标志性建筑，体现了奥运工程高度复杂、高新技术集中的特点。首先，"鸟巢"的设计过程就是一个技术创新，其中受力构件主次结构的编织、设计理论的计算等方面都在各自领域取得了技术突破。整个过程中，CATIA软件及其高精度模型在国家体育场设计中发挥了不可替代的作用[⑳]，辅助设计软件的革新也暗示着我国高技术建筑未来的一个发展趋势。其次，国家体育场是目前世界上跨度最大的体育建筑之一，呈马鞍形，支撑在24根桁架柱上；在钢结构设计中大量采用新技术、新材料、新工艺，进行了许多研究工作和技术创新，例如：在扭曲构件空间坐标表示法研究、提出大跨度结构温度场计算方法、桁架柱复杂节点设计方法研究、异型柱脚设计方法研究等方面取得了开创性的成果。在材料方面，因国家体育场在建设过程中，受力特别复杂，所以"鸟巢"所使用的新材料为高强度、高性

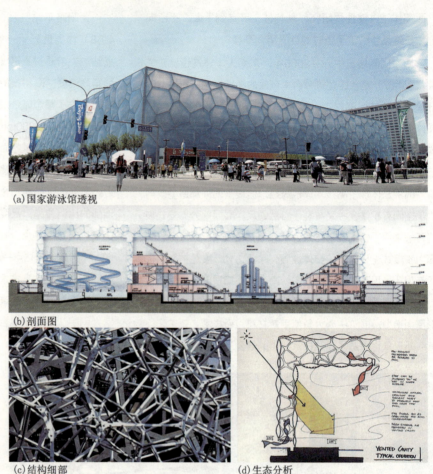

(a)国家游泳馆透视

(b)剖面图

(c)结构细部　　　　　　(d)生态分析

图4-71 国家游泳中心（资料来源：作者自摄；《建筑创作》，2007，7。）

(a)CCTV新办公大楼模型　　(b)库哈斯在《CONTENT》中对CCTV的阐释

(c)施工过程　　　　　　(d)流线分析

图4-72 CCTV新办公大楼（资料来源：作者自摄；《境外建筑师与中国当代建筑》；昵图网。）

能的Q460E钢材，这种钢材为国内钢厂专门研制，使用效果非常好；屋面膜结构（上层钢梁区格之间的透明ETFE膜和下层悬挂在主体钢结构下层钢梁下面的半透明PTFE膜）的应用也使得鸟巢成为高技术材料的展示场所。在施工方面，因其钢结构的特殊性，巨型钢结构的实现就是一项大的挑战，而"鸟巢"的卸载也是攻克了一个个的技术难关。所有这些都体现了设计师、工程师、科研机构的各类高技术攻关成果[21]。最后，为了符合"绿色奥运"的理念，"鸟巢"还采用了雨洪利用、地源热泵等生态节能技术。

国家游泳中心（俗称"水立方"，2008年，中国建筑工程总公司、澳大利亚PTW建筑师事务所、ARUP澳大利亚有限公司联合设计，图4-71）设计方案，体现出了"水"的设计理念。"水立方"钢结构采用了新型的基于Kelvin的"气泡"理论的多面体空间钢架体系，将水泡的结构放大到建筑结构的尺度并进行三维的有效切割，属于国内外首创，是一个具有很高结构技术含量的建筑。另外，其结构设计面临着许多国内外前所未有的课题，包括：新型空间结构体系的几何构成与优化、新型空间结构体系的整体分析及延性与抗震设计、各类连接节点的受力性能与实用计算方法、各类变截面杆件的实用分析计算方法、大型长方体结构的风雪洞试验研究等。表面所用的新型材料ETFE（"聚四氟乙烯"的超稳定有机物薄膜）是近年国际上渐渐流行的材料，中间充气形成气枕，根据其外观特性用在这一设计中非常恰当；该膜材料的透光率约为90%，是一种阻燃性且自熄性的材料，其自我通风的特性还能防止过热空气在体系下面聚集；而且对灰尘、污水的自洁性能大大优于玻璃。空间网架由于其自身的三维性，在对接等方面的施工难度非常大。另外建筑中还应用了其他一些新技术，如：①尽量减少水的使用（90%可循环），主要措施包括使用高效过滤系统、中水系统和雨水收集系统；②没有热量损失的设计：透明的薄膜起到了温室的效果，太阳能被尽量吸收，并为游泳池和周围地区提供热量；③尽量采用自然照明和自然通风，减少对人工系统的依赖；④采用与建筑物相结合的光电系统以节省能源；⑤利用地下水进行制冷和加热；⑥语言辅助系统；⑦终点触线方式等运动员辅助系统的改进；⑧热电联供技术等[22]。

CCTV新办公大楼的设计（2008年，雷姆·库哈斯，图4-72）是一个能引起从结构技术到施工技术革命的建筑，库哈斯在谈到央视总部大楼设计的构思时说："我们将电视制作的所有部门都囊括在一个连续的巨环中，使它们可以自我运转不息……我们不想再强加一个独立塔楼在这里，我们想重新探索摩天楼的另一种形式，用我们的建筑来重新定义北京CBD这一区域"[23]。为了实现这样一个"连续的巨环"，设计者采用以下措施：将每座塔楼分成两部分——一个与地面垂直的核心筒和一个倾斜的外框筒，核心筒地基深达50m以上，足以保证楼体稳固，再将倾斜的外框筒通过钢结构与直立的核心筒在水平方向上联结，两个筒形组合在一起构成一座完整塔楼；用外立面疏密不一的菱形网格将受力传至地下，增加塔楼稳定性；最后，两个L形悬臂分别从两栋塔楼的三十七、三十八层楼伸出，在162m的高空完成对接；要保证巨型悬挑出去的"空中拐角"不在转折部位折断，还必须采取相当的结构加固措施。针对这种重要、复杂、特殊的结构体系，设计时进行了抗震、施工过程、振动与舒适度各项分析，基于大量理论分析与实验研究相结合的成果，结构采用了变刚度桩基设计超厚基础筏板、高含钢率SRC柱、高强钢材、巨型蝶形节点、高强拴柱脚以及钢板加强楼面设计等多项新技术[24]。

国家大剧院的"世界第一穹顶"，"水立方"的多面体空间钢架结构技术、外膜及安装工程，"鸟巢"的材料、施工技术，CCTV新办公大楼的回旋式结构大部分为首次实现的高新技术，由于尚不成熟或耗资巨大等原因，遭到了一些专家的质疑。然而，"高技术"本身就是一个相对的概念，高技术建筑也始终处于不断的运动发展之中。从古至今，建筑的发展都是以同样的模式展开的，即在社会出现巨大变革之际，往往伴随着出现对建筑的新需求，于是促使人们不断探索，最终找到满足这种新需求的技术手段，如新材料、新工艺、新结构等，解决了问题，适应了社会发展的需要，所产生的新技术通过进一步的推广成为一项普遍技术，实现了一次从新到旧的发展过程。高技术建筑处于不断的运动发展之中，其价值体系一直建立在产品进化的过程基础之上。当今世界各个国家都在抢占科技成果的先机，使优秀的科技成果迅速转化为产品，提升国家的综合实力。虽然我们的实验性高技术建筑前期投入较大，但却掌握了许多新结构、新技术的第一手资料，并能实际对其进行评测以了解其优缺点，这就使我们在今后的发展中取得了领先的地位。况且为了实现这些高技术建筑，在很大程度上促进了我们的设计方法、施工工艺水平、建筑管理体制的改革，以及新结构、新材料、新技术的研发等各项环节。此外，这些实验性高技术建筑将国际焦点转移到了中国，在吸引外资以及改善国家形象方面十分有利，使我们成为这些建筑的直接受益者。因此，我们应该理性地倡导实验性高技术建筑的发展，综合考虑其价值。

通过梳理脉络和分析实例，1999年至今我国高技术建筑取得了从结构、材料、技术，到施工、管理的全方位

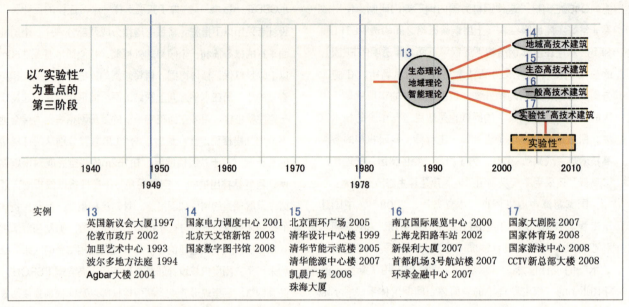

图4-73 1999年至今 中国高技术建筑发展脉络（资料来源：作者自绘。）

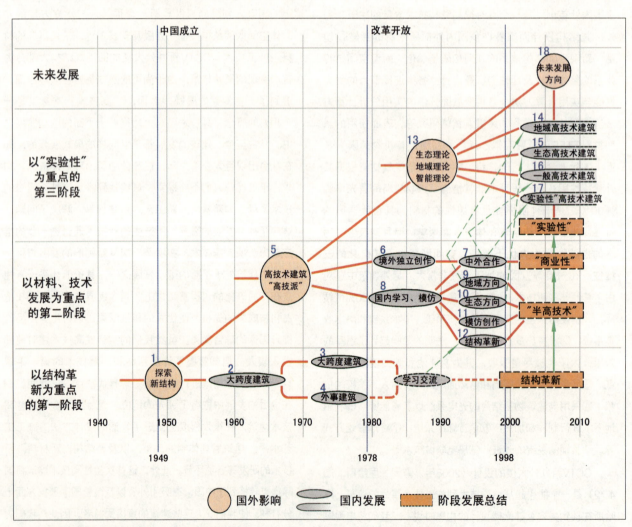

图4-74 新中国成立后我国高技术建筑发展历程（资料来源：作者自绘。）

进步，创作形式有地域高技术建筑、生态高技术建筑、一般高技术建筑和实验性高技术建筑四类，其中又以实验性高技术建筑为重点发展方向（图4-73）。

第三节 新中国成立以后我国高技术建筑的发展总结

一、建国后我国高技术建筑的发展历程

在分析了各段时期的发展特点及大量实例总结后，将三个阶段的发展脉络相叠加，"新中国成立后我国高技术建筑发展历程"（图4-74）得以呈现（以下简称"发展历程"）。以下将对"发展历程"进行简要说明。

1. 1949~1978年：以结构革新为主的技术创新时期

对于我国建筑历史的研究似乎存在一个误区，认为"文化大革命"割裂了我国现代建筑的发展。从新中国成立到"文化大革命"这段时间的建筑发展一度处于停滞状态，这也使得有关我国现代建筑的研究总是以改革开放为标志，形成了一道人为的障碍。其实，1949~1976年这段时期在经济理性原则指导下的建筑发展对于改革开放后我国高技术建筑发展有着举足轻重的作用。正是有了改革开放前对建筑结构的重视和实践，才使得改革开放后建筑师有了全面向西方建筑界学习的能力，为材料、技术上取得的突破起到了铺垫。这个阶段对国内高技术建筑发展影响最大的是西方的结构技术革新活动，而发展的直接动机在于经济因素的制约迫使建筑师探索更先进、更节约的结构形式，最终使得建筑师在一些功能性较强的公共建筑中进行了卓有成效的结构革新活动。这30年的发展又分为"文化大革命"前和"文化大革命"至改革开放两个时期。由于当时的高层建筑尚未有太大发展，因此"文化大革命"前更多的是对大跨度建筑进行结构革新探索；而"文化大革命"至改革开放时期虽然对外联系依然不多，但与许多国家建立外交关系使得这一时期在外事建筑中也有了更多的发展。

2. 1979~1998年：以材料和技术创新为主的"半高技术建筑"、"商业高技术建筑"时期

改革开放后的20年，可谓全面发展的阶段，建筑作为基础建设活动自然是首当其冲。向西方发达国家学习，特别是境外设计单位参与项目的不断增加，使得建筑师们有了充分学习和了解国外建筑技术的机会，并开展了实践活动。虽然这一阶段结构革新仍在继续，但技术创新重点已经转移到了材料和技术方面。这一时期，"高技派"建筑作品对国内影响很大，高技术建筑的自觉意识正在孕育之中。发展同样分为两步走，在20世纪80年代，由于国内建筑师对高技术建筑尚不熟悉，还不能配合境外设计人员进行设计，更多的是学习国外已有的高技术建筑实例，并进行初步的模仿和探索；境外建筑师基本独立完成设计项目，利用他们熟悉的形式、技术手段进行创作，对中国传统文化考虑得不多。到了20世纪90年代，随着国内建筑师对高技术建筑的理解逐渐加深已能够和境外建筑师一道进行设计实践，加上政策的要求，境外建筑师参与的高技术建筑项目更多的是以中、外合作的形式进行，方案更加突出中国的地域、文化特色，由于商业项目居多，体现出"商业高技术"的特点；国内建筑师在前10年的探索中也逐渐找到了几种能够独立创作的方式，分别是：地域方向的探索、生态方向的探索、对国外实例的模仿，以及继续前一阶段的结构革新活动，由于当时很多国内实践应用的"高技术"在国际上已经是普通的技术，因此体现出"半高技术"特点。通过这一时期的高速发展，已经初步掌握了高技术建筑的设计与建造手段，从学习走向实践，从"结构技术革新"走向高技术建筑。

3. 1999年至今："实验性高技术建筑"时期

这一时期的技术创新不仅体现在建筑本体（结构、材料、技术）上，还涵盖了设计、施工、管理等各个方面，由于许多技术尚未在其他地区实现，因此具有实验意义。这一阶段对国内影响最大的要数生态建筑理论、地域建筑理论、智能建筑理论等，在经历了改革开放后20年的学习与实践，中国建筑师自主创作的高技术建筑越来越多，并在理论探索方面进入了一个崭新的阶段。这一时期的四条实践路线分别是：地域高技术建筑、生态高技术建筑、一般高技术建筑和"实验性"高技术建筑，并以"实验性"高技术建筑为此阶段的最高成就。

二、"发展历程"规律探寻

1. 整体发展：错综复杂

虽然"发展历程"中归纳了三个有着不同发展主线的时期，但却不是三个单一的发展过程，而是一个互相影响、联系紧密的网络，甚至三条线中的一些点之间就存在着承接关系。比如"地域方向的探索"与"地域高技术建筑"、"生态方向的探索"与"生态高技术建筑"均有着直接的发展关系，只是由于时间的推进以及发展内涵的演变而划分在不同的主线当中；"中外合作"几乎对"实验性主线"中的四个方向都有影响：中外建筑师在20世纪80~90年代的大量合作中互相影响、磨合，逐渐找到了有利于合作设计的种种方式，他们各取所长，使合作的项目产生了质的飞跃，方案的内涵也逐渐从第二阶段的表面形式深化到第三阶段的文化、精神层面。

2. 外界影响：趋于直接

三条主线的发展长度越来越短，横向发展越来越迅速，从侧面反映出随着我国建筑界对外开放的不断加深以及信息产业的发展，我国对外部资讯的接收越来越迅速，从新中国成立后依靠自己探索间接获取少量外部信息的封闭模式，逐渐转变为与国外同步掌握建筑技术的发展动态。

3. 横向剖析：接近主流

在纵向分析"发展历程"后可以看出，国外的高技术发展是个环环相扣的过程；而我国则是"结构革新→半高技术建筑+商业性高技术建筑→实验性高技术建筑"的过程，是一个由"技术创新→高技术建筑"的实践过程。

在"结构主线"中，建筑师在封闭的环境中更多的是以节约的目的进行技术革新活动，虽然同一时期国外也处于结构革新阶段，但我国的步伐明显要慢得多、思路也窄得多，材料的使用也很局限。在"材料、技术主线"的开始阶段，由于落后较多，当时很多国外已经普及的技术，如玻璃幕墙等被引入我国时被当成了一种"高技术"，但在世界范围内顶多只能称得上是"半高技术"；此外，在有境外设计机构参与的项目中使用的新技术相对较多，且以商业性项目居多，因此呈现出"商业"特点。在前两个阶段的积累后，国内一些高技术建筑开始采用实验性的先锋技术，并取得了巨大的突破，呈现出"实验性高技术建筑"特色，很多技术已经处于世界领先的地位。

由此可见，我国高技术建筑发展是一个不停追赶的过程，虽然前两个阶段的许多高技术建筑在世界上算不上"高技术"，但应区分开国内外的发展，重视这些在我国自身高技术建筑发展中有着重要意义的实践，从而描绘出自己的发展脉络。

4. 发展道路：路线清晰，艰难前行

将"发展历程"中三个不同时期起主要影响作用的流派和理论联系起来后（三角形的斜边），恰好是西方高技术建筑的发展路线：从结构技术探索，到高技术建筑，再因生态化、地域化、智能化等原因形成蜕变，脉络清晰。

西方的高技术建筑在经历了20世纪中期的发展热潮之后，不断暴露出了种种社会、环境等方面的问题，使高技术建筑产生了一次朝向地域、生态方向的蜕变。之后，许多行业的高新技术产品都被适时地应用到了建筑当中，比如计算机辅助设计、智能技术的更新换代等，都使高技术建筑得到了极大的拓展。

对比西方高技术建筑发展的清晰直线型流程来看我国的发展，可谓异常艰难和曲折。从新中国成立后的结构技术革新，一直发展到现在的四个高技术建筑发展方向并存，我国正在用比西方少得多的时间走过其全部的发展历程。我国在近代形成了不同风格同时存在的现象，而且对改革开放后出现的新事物的消化需要一个过程，这就决定了我们在发展过程中不仅要解决遇到的问题，同时还要敏锐地选择适合我们的高技术建筑的发展方向。

三、发展对策

"新中国成立后我国高技术建筑发展历程"是一个对中国高技术建筑整体解析的构架，从中也反映出了一些发展的特征和存在的问题。一方面，三条主线的横向发展越来越短，反映出随着我国对外开放的不断深化以及信息产业的快速发展，外界对我国的影响趋于直接，中外高技术建筑的发展逐渐同步化。另一方面，在纵向发展中，呈现出速度加快以及类型多样化的态势，而这也使我们缺少了一些思考和总结的时间，到了实验阶段逐渐暴露出一些需要反思的问题。

1. 注重基本国情，考虑经济效益

我国虽然处在经济起飞的时期，但终究还是一个发展中国家，建设投资力度应充分考虑这一国情。"经济、实用、在可能的条件下讲究美观"作为第一阶段结构革新阶段的建筑方针，在这一阶段依然适用，应继续贯彻执行。对于实验阶段高技术建筑的设计，应将创作思路及建设资金等方面进行平衡考虑，不应不加限制地使用资金。

2. 倡导理性"实验"，发挥导向作用

我国目前显然已经成为世界建筑师的实验室。实验室本为褒义词，就其先锋性的本质而言，就是应以实验的形式来突破历史的延续性。但实验应当是理性的，不应仅仅是技术或艺术问题，我们永远都应考虑技术经济问题。而从"发展历程"中可以看出，到了第三阶段实验阶段，高技术建筑发展十分迅速且种类呈现多样化的趋势，为了突出建筑特色，决策者更希望能从表面、形态上下工夫，因此实验慢慢演变为追求标新立异。在这种思想指导下，有的参与建设的外国建筑师认为在他们在其本土很可能无法兴建的东西在中国似乎都能实现，不仅造成了资源的极大浪费，也失去了"实验"的目的。

此外，实验建筑由于其特殊地位，对其他建筑的创作带有明显的导向性。例如在"鸟巢"和"水立方"实施方案公布后，重表皮的设计手法使得国内建筑界争相效仿，很快出现了类似苏州科技文化中心、成都市新行政中心等一批"表皮建筑"；中央电视台新办公大楼的建成也风行了一批类似的建筑。因此，要充分重视"实验建筑"的设计导向作用，在明确实验目标的基础上倡导理性实验，并对设计手法加以限制，真正突出高技术在建筑中的应用，而非仅仅表现为形式上的标新立异，促成中国高技术建筑的良性发展。

3. 注重教育培养，加强技术理念

目前我国在高技术建筑的相关教育方面还做得不到位，集中体现在对建筑系学生和青年建筑师的理论及实践的培养上，这也成为我国高技术建筑创作能力不强、过于依赖国外设计机构的原因之一。在"发展历程"中可以看到，前两个阶段在时间上处在中国第二代建筑师的发展成熟阶段，在前辈建筑师的谆谆教导下，他们的基本功过硬，所受的教育注重对基本功以及文化修养的培养，并注重技术课程的教育，这也使得他们的技术功底更加扎实。而在实验阶段，尚无足够理论基础的学生及青年建筑师在短时期内受到大量不同风格的建筑文化的影响，使他们很容易走上一条模仿当前流行建筑风格的歧途，更加注重建筑形式、图纸表现，而对技术的发展和应用却知之甚少，更无法真正了解到高技术建筑的设计思维及创作内涵。因此，若想真正提高我国的高技术建筑创作水平，必须认真做好学生及青年建筑师的教育工作，使他们具备扎实的建筑技术理论并在实践中注重技术的应用，摆脱浮于表面的形式主义观念。

4．运用中国元素，创造地域特色

虽然地域性高技术建筑在"发展历程"中作为一个分支出现在实验阶段中，但随着中国高技术建筑发展国际化趋势的加快，对这一分支的探索已不及第二阶段，且目前的实践大多是对地方民俗的简单模仿。放眼世界，中国应该学习同样是发展中国家的印度和墨西哥等国家地域化进程中的成功经验，同时吸收国外地域性高技术建筑的先进思想和技术，并与我国地域文化进行创造性的结合。只有这样，才能进一步加强中国传统建筑技术的挖掘和现代化的运用，创造出真正具有中国特色的高技术建筑。

高技术建筑虽然代表着建筑技术的前沿水平，但对其研究的根本意义还在于高新技术的合理选择和应用，只有将对我国建筑技术的提高、满足可持续发展的要求、符合我国国情的高技术经过筛选，并改造移植应用在大量的普通建筑中，才能真正提高中国建筑界的整体建筑水平，从而丰富建筑设计理论，对建筑设计才有指导和借鉴意义。

注释：

1．王晓岷，吴庆．试析高技术建筑地域化的动因[J]．合肥学院学报，2005，15(4)：60．

2．1998年国民经济和社会发展统计公报，数据中心网（database.ce.cn）．

3．郝曙光．当代中国建筑思潮研究[M]．北京：中国建筑工业出版社，2006：21．

4．徐匡迪．中国钢铁工业的发展和技术创新[J]．钢铁，2008，2：1．

5．徐永模．新世纪中国建材科技备忘录[J]．中国建材，2005，2：20-29．

6．本刊编辑部．国家图书馆二期工程即国家数字图书馆工程设计竞赛入围方案[J]．建筑创作，2003，11：34-36．

7．吕琢．对话与共生[J]．建筑学报，2003，11：59-61．

8．鲁英男，陈慧，鲁英灿．高技术生态建筑[M]．天津大学出版社，2002．

9．李金芳．一座绿色办公楼[J]．2006，3：57-59．

10．栗德祥，周正楠．节能设计策略的集成与创新[J]．建筑创作，2002，10：6-9．

11．张通．清华大学环境能源楼[J]．建筑学报，2008，2：34-39．

12．远方．凯晨广场：世界顶级高科技幕墙[J]．智能建筑，2005，3：74．

13．Skidmore, Owings & Merrill LLP. SOM[J]．城市建筑，2007，1：81．

14．王乐文，刘杰，徐原平，赵云鹏．建筑创意与技术创新：新保利大厦建筑设计[J]．建筑创作，2008，1：58-77．

15．绍韦平执笔．首都机场T3航站楼设计[J]．建筑创作，2008，5：1-13．

16．徐朔明，任咏芳．上海环球金融中心结构设计简析[J]．钢结构发展，2003，4：14-20．

17．马晓东．现代技术与材料的表现[J]．建筑学报，2003，3：42-45．

18．郭建祥．上海磁悬浮快速列车龙阳路站[J]．建筑学报，2005，6：24-27．

19．杨冬江，李冬梅．境外建筑师与中国当代建筑[M]．中国建筑工业出版社，2008：96-124．

20．李兴钢．国家体育场设计[J]．建筑学报，2008，8：1-17．

21．李久林．国家体育场（鸟巢）工程施工新技术综述[J]．建筑技术，2008，8：564-575．

22．郑方．"水立方"的设计思想和新技术的应用[J]．建筑创作，2007，7：88-98．

23．杨冬江，李冬梅．境外建筑师与中国当代建筑[M]．中国建筑工业出版社，2008：144．

24．汪大绥，姜文伟等．中央电视台（CCTV）新主楼的结构设计及关键技术[J]．建筑结构，2007，5：1-7．

参考文献

[1] (美)阿尔贝托·萨尔托里斯,约瑟夫·芬顿著.建筑理论[M].马欣译.北京:中国建筑工业出版社,2006.

[2] Alvin Toffler.第三次浪潮[M].朱志焱等译.北京:新华出版社,1996.

[3] (日)安藤忠雄著.安藤忠雄论建筑[M].北京:中国建筑工业出版社,2003.

[4] 艾弗·理查兹著.生态摩天大楼[M].北京:中国建筑工业出版社,2005.

[5] (意)布鲁诺·赛维著.建筑空间论[M].张似瓒译.北京:科技出版社,2006.

[6] 布正伟著.现代建筑的结构构思与设计技巧[M].天津:天津科技出版社,1986.

[7] (美)彼得·埃森曼著.图解日志[M].陈欣欣译.北京:中国建筑工业出版社,2005.

[8] (英)彼得·绍拉帕耶著.当代建筑与数字化设计[M].吴晓,虞刚译.北京:中国建筑工业出版社,2007.

[9] 布赖恩·爱德华兹著.可持续性建筑[M].周玉鹏,宋晔皓译.北京:中国建筑工业出版社,2003.

[10] 布鲁诺·塞维著.现代建筑语言[M].席云平,王虹译.北京:中国建筑工业出版社,1986.

[11] (英)查尔斯·辛格等著.技术史(Ⅰ-Ⅶ)[M].孙希中,王前译.上海:上海科学教育出版社,2004.

[12] (美)查理斯·詹克斯著.后现代建筑语言[M].李大夏译.北京:中国建筑工业出版社,1986.

[13] (美)查尔斯·詹克斯,卡尔·克罗普夫著.当代建筑的理论和宣言[M].周玉鹏,雄一,张鹏译.北京:中国建筑工业出版社,2005.

[14] (美)查理斯·詹克斯著.晚期现代建筑及其他[M].刘亚芬等译.北京:中国建筑工业出版社,1989.

[15] 常立农著.技术哲学[M].长沙:湖南大学出版社,2003.

[16] 陈昌曙著.哲学技术引论[M].北京:北京科学出版社,1999.

[17] (美)道格拉斯·凯尔博.共享空间——关于邻里与区域设计[M].吕斌等译.北京:中国建筑工业出版社,2007.

[18] (英)大卫·劳埃德·琼斯.建筑与环境——生态气候学建筑设计[M].北京:中国建筑工业出版,2005.

[19] 邓庆坦.中国近、现代建筑历史整合研究论纲[M].北京:中国建筑工业出版社,2008.

[20] (美)肯尼斯·弗兰姆普顿著.建构文化研究[M].王骏阳译.北京:中国建筑工业出版社,2007.

[21] (美)肯尼斯·弗兰姆普顿著.现代建筑——一部批判的历史[M].张钦楠译.北京:中国北京三联书店,2004.

[22] 肯尼斯·鲍威尔著.未来建筑:理查德·罗杰斯[M].耿智译.大连:大连理工出版社,2007.

[23] (英)弗兰克·惠特福德著.包豪斯[M].林鹤译.北京:生活·读书·新知三联书店,2004.

[24] (美)Fuller Moore著.结构系统概论[M].赵梦琳译.沈阳:辽宁科学技术出版社,2001.

[25] (德)F·拉普著.技术哲学导论[M].刘武等译.沈阳:辽宁科学技术出版社,1986

[26] (德)汉诺·沃尔特·克鲁夫特著.建筑理论史——从维特鲁威到现在[M].王贵祥译.北京:中国建筑工业出版社,2005.

[27] (美)吉迪翁著.时空与建筑[M].刘英译.中国台湾:台湾银来图书出版有限公司,1979.

[28] John Naisbitt.大趋势:改变我们生活的十个新趋向[M].孙道章等译.北京:新华出版社,1984.

[29] 纪雁,斯泰里奥斯,普莱尼奥斯.可持续建筑设计实践[M].北京:中国建筑工业出版社,2006.

[30] 姜义华,武克全著.20世纪中国社会科学·历史学卷[M].上海:上海人民出版社,2005.

[31] (挪)克里斯蒂安·诺伯格·舒尔茨.西方建筑的意义[M].李路珂,欧阳恬之译.北京:中国建筑工业出版社,2005.

[32] (俄)康定斯基著.康定斯基论点线面[M].罗世平等译.北京:中国人民大学出版社,2005.

[33] (俄)康定斯基著.艺术中的精神[M].李政文,魏大海译.北京:中国人民大学出版社,2003.

[34] (英)肯尼思·J·法尔科内.分形几何中的技巧[M].曾文曲等译.沈阳:东北大学出版社,1999.

[35] (法)勒·柯布西耶.走向新建筑[M].陈志华译.西

安：陕西师范大学出版社，2004．

[36] (英)理查德·帕多万著.比例 —— 科学 哲学 建筑[M]．周玉鹏，刘耀辉译.北京：中国建筑工业出版社，2005．

[37] (美)理查德 韦斯顿著.现代主义[M]．海鹰，杨晓宾译.北京：中国水利水电出版社，2006．

[38] (美)罗伯特·文丘里著.现代建筑的复杂性和矛盾性[M]．周卜颐译.北京：中国水利水电出版社，2006．

[39] (美)鲁道夫·阿恩海姆著.艺术与视知觉[M]．滕守尧，朱疆源译.成都：四川人民出版社，1998．

[40] (美)鲁道夫·阿恩海姆著.建筑形式的视觉动力[M]．宁海林译.北京：中国建筑工业出版社，2006．

[41] (意)Leonardo Benevol著.西方现代建筑史[M]．邹德侬译.天津：天津科学技术出版社，1996．

[42] Ludwig Hilberseimer, Kurt Rowland著.近现代建筑艺术源流[M]．刘其伟译.中国台湾：台湾六和出版社，1982．

[43] 林宪德著.绿色建筑[M]．北京：中国建筑工业出版社，2007．

[44] 刘先觉著.现代建筑设计理论[M]．北京：中国建筑工业出版社，2007．

[45] 刘云胜著.高技术生态建筑发展历程[M]．北京：中国建筑工业出版社，2008．

[46] 刘松茯，陈苏柳著.伦佐·皮亚诺[M]．北京：中国建筑工业出版社，2007．

[47] 刘大椿著.科学技术哲学导论[M]．北京：中国人民大学出版社，2000．

[48] 刘建荣著.高层建筑设计与技术[M]．北京：中国建筑工业出版社，2005．

[49] 李如海著.人文与科技常识[M]．北京：中国铁道工业出版社，2004．

[50] 李华东著.高技术生态建筑[M]．天津：天津大学出版社，2002．

[51] 李钢著.建筑腔体生态策略[M]．北京：中国建筑工业出版社，2007：附录8 p186-191．

[52] 柳卸林.技术创新经济学[M]．北京：中国经济出版社，1993

[53] (法)米歇尔·瑟福著.抽象派绘画史[M]．王昭仁译.广西：广西师范大学出版社，2002．

[54] 迈克尔·威金顿，祖德·哈里斯著.智能建筑外层设计[M]．高昊，王琳译.大连：大连理工出版社，2003．

[55] 麦克哈格著.设计结合自然[M]．芮经纬译.北京：中国建筑工业出版社1992．

[56] 马世力著.世界史纲（下册）[M]．上海：上海人民出版社，1999．

[57] 马丁·波利著.诺曼·福斯特：世界性的建筑[M]．北京：中国建筑工业出版社，2004．

[58] 马克·第尼亚著.非物质社会 —— 后工业世界的设计、文化与技术[M]．滕守尧译.成都：四川人民出版社，1998．

[59] (日)Nikkei Architecture著.最新屋顶绿化设计、施工与管理实例[M]．胡连荣译.北京：中国建筑工业出版社，2007．

[60] Nicholas Negroponte.范海燕，胡泳译.数字化生存[M]．海口：海南出版社，1996．

[61] (意)P·I·奈尔维著.黄云升，周卜颐译.建筑的艺术与技术[M]．北京：中国建筑工业出版社，1981．

[62] （比利时）皮朗著.中世纪欧洲经济社会史[M]．乐文译.上海：上海人民出版社，2001．

[63] 彼得·罗，关晟著.承传与交融[M]．北京：中国建筑工业出版社，2004．

[64] (西班牙)帕高·阿森西奥著.高技派建筑[M]．高红，尹曾译.南京：南京江苏科学出版社，2001．

[65] 钱锋，伍江著.中国现代建筑教育史（1920-1980）[M]．北京：中国建筑工业出版社，2008．

[66] 戚昌滋著.现代设计方法论[M]．北京：中国建筑工业出版社，1985．

[67] (日)矢代真己等著.20世纪的空间设计[M]．卢春生等译.北京：中国建筑工业出版社，2007．

[68] (美)舒勒尔著.现代建筑结构[M]．高伯扬译.北京：中国建筑工业出版社，1990．

[69] 宋应星著.天工开物（卷中）[M]．北京：中华书局，1959．

[70] Sophia and Stefan Behling著.太阳能与建筑[M]．大连：大连理工大学出版社，2008．

[71] 孙逊著.都市文化史：回顾与展望[M]．上海：上海三联书店，2005．

[72] 孙逊著.阅读城市：作为一种生活方式的都市生活[M]．上海：上海三联书店，2007．

[73] 孙澄，梅洪元等著.现代建筑创作中的技术理念[M]．北京：中国建筑工业出版社，2007．

[74] (德)沃尔夫冈·韦尔斯著.重构美学[M]．陆扬，张岩冰译.上海：上海世纪出版社，2006．

[75] William J.Mitchell著.比特之城-空间、场所、信息高速公路[M]．范海燕，胡冰译.北京：北京三联书店，1999．

[76] William H.Gates.未来之路[M]．辜正坤主译.北京：北京大学出版社，1996．

[77] 王雅儒著.工业设计史.北京：中国建筑工业出版社，2005．

[78] 王其钧.后现代建筑语言[M].北京：机械工业出版社，2007.

[79] (瑞士)W·博奥席耶著.勒·柯布西耶全集[M].牛燕方，程超译.北京：中国建筑工业出版社，2005.

[80] 吴于庄，齐世荣著.世界史·近代史编（上卷）[M].北京：高等教育出版社，1992.

[81] 吴良镛著.广义建筑学[M].北京：清华大学出版社，1989.

[82] 吴良镛著.建筑学的未来[M].北京：清华大学出版社，1999.

[83] 吴向阳著.杨经文[M].北京：中国建筑工业出版社，2007.

[84] 王久华著.高技术开发与管理[M].北京：北京企业管理出版社，1994.

[85] 王秋凡著.西方当代新媒体艺术[M].辽宁：辽宁画报出版社，2002.

[86] 徐同文著.知识创新——21世纪高新技术[M].北京：北京科学技术出版社，1999.

[87] 薛恩伦，李道增著.后现代主义20讲[M].上海：上海社会科学院出版社，2005.

[88] 殷瑞钰等著.工程哲学[M].北京：高等教育出版社，2007.

[89] 姚润明，昆·斯蒂摩斯，李百战著.可持续城市与建筑设计[M].北京：中国建筑工业出版社，2006.

[90] 伊丽莎白·史密斯著.新高技派建筑[M].陈珍诚译.南京：东南大学出版社，2001.

[91] 英格伯格·费拉格著.托马斯·赫尔佐格——建筑+技术[M].李保峰译.北京：中国建筑工业出版社，2003.

[92] 远德玉，于云龙著.科学技术发展简史[M].沈阳：东北大学出版社，2000.

[93] 远德玉，陈昌曙著.论技术[M].沈阳：辽宁科学技术出版社，1985.

[94] 《中国古代建筑技术史》编审组.中国古代建筑技术史（台湾版）[M].中国台湾：博远出版有限公司，1993.

[95] 郑光复著.建筑的革命[M].南京：东南大学出版社，1999.

[96] 诸大建著.20世纪科技革命与社会发展[M].上海：同济大学出版社，1997.

[97] 张跃发著.近代文明史（第二版）[M].北京：世界知识出版社，2006.

[98] 张密生著.科学技术史[M].武汉：武汉大学出版社，2005.

[99] 曾坚著.当代世界先锋建筑的设计观念[M].天津：天津大学出版社，1995.

[100] Baugeschichte Funktion著.Alexander Fils Das Centre Pompidou in Paris[M].USA: Moos, 1980.

[101] Colin Davies著.High Tech Architecture[M].USA: Rizzoli international Publication, 1988.

[102] David Wilkinson.Maastricht and the environment, Journal of Environment Law[M].Vol4.No2, 1992.

[103] Frank Russell著.Chard Rogers+Architect[M].UK: Demy Edition, 1985.

[104] Katherine Solomonson著.The Chicago Tribune Tower competition[M].USA: Cambridge University Press, 2001.

[105] Klaus Daniels著，Low-tech Light-tech High-tech: Building in the Information Age[M].Birkhauser Publishers, 1998.

[106] Michael, Chew Yit Lin著.Construction Technology for Tall Buildings[M].Singapore: Singapore University Press, 2001.

[107] Paolo Soleri.The City of the Future[M].G. Thompson Linsifarnel Harper & Row Books, 1977.

[108] Roberta Moudry著.The American Skyscraper[M].USA: Cambridge University Press, 2005.

[109] Spiro Kostof 等著.A History of Architecture[M].USA: Oxford University Press, 1995.

[110] Berkel B V.Mobius One-family[J].Domus, 1999: 40-49.

[111] Cecilia.1997-2002 Stacking and Layering: MVRDV. El Croquis Madrid[J], 2002.52-57.

[112] Dagmar Richter.Camouflage as Aesthetic Sustainability.AD[J].Special Issue Architextiles, 2006: 63-68.

[113] Greg Lynn.Embryological Houses[J].AD——Contemporary Processes in Architecture, 2000.26-35.

[114] Mike Silver.Building without Drawings Automason. AD[J].Special Issue Programming Cultures, 2006: 46-51.

[115] Onishi, Wakato.New Century Modern——TOD's Omotesando Tokyo[J].Domus 2005.no.878: 14-27.

[116] Pollock, Naomi.TOD's Omotesando Building, Shibuya-ku, Tokyo, Japan 2002-2004[J].A+U.2004.05: 124-131.